科學⚗️

えげつない！

這些寄生生物超下流！

成田聰子／著

黃詩婷／譯　黃璧祈／審訂

好痛喔……

三民書局

序　言

　　聽到「寄生」這個詞，大家腦中會浮現出什麼樣的印象呢？好像很噁心、狡猾又耍小聰明、只有自己拿好處、聽起來癢癢的……等等，說起來似乎大多數人對寄生的概念都是負面印象對吧？但是，所謂寄生其實是「共生」的型態之一，而共生單純是指某個生物和其他生物在一起共同生存而已。在共生當中，互相取得利益的就叫做互利共生；單方面取得利益的就是片利共生；而單方面取得利益、另一方卻遭受損傷迫害，這才叫做寄生。本書特別挑選出寄生生態當中具備控制宿主心靈的技術、能夠使狀況對自己有利的寄生生物來介紹。

　　將蟑螂當作奴隸般使喚的扁頭泥蜂；讓不諳水性的螳螂投水自殺的鐵線蟲；侵占螞蟻腦部，讓牠死在自己方便生長之處的菇類；還有即使內臟都被咬得破破爛爛、已在瀕死狀態，卻還是為了保護寄生生物的孩子們而奮戰的毛毛蟲；一旦被寄生就不再害怕貓、讓自己輕易被捕食的老鼠等。本書將一一介紹這些以令人畏懼的心理控制術來營造的寄生關係。

　　在介紹這些寄生生物之前，會有一篇由寄生生物以及將被牠們操控的宿主編織出的小故事。如果你是寄生生物，會怎麼做？或者你是被寄生的宿主又會發生什麼事呢？大家可以稍微想像一下各種情況，若能在閱讀之餘覺得有趣，那就是我的榮幸了。

筆　者

CONTENTS
目 次

對水的憧憬

【一隻螳螂的故事】

「絕對不可以靠近河流唷！」

這個長輩的訓誡我一直遵守著。

畢竟我們不諳水性，因此絕對不可以接近河川或者水邊，這對我們來說是無須多言的規範。而且說老實話，我還小的時候就覺得水很恐怖，所以根本沒想過要靠近水邊。

不過呢，因為我經常捕食自己超愛吃的蚱蜢，所以身體也愈長愈大了。不知何時，我已經不再那麼害怕水這種東西。

我甚至有時候會忍不住想著，應該靠過去那閃閃發光的河川水面，探頭看看裡面呢！

所以今天，我瞞著大家，跑來最靠近河流的岩石這兒。

咦？好奇怪喔！怎麼覺得屁股癢癢的？
哎呀算了，那不重要。

就近看著河流，覺得好美喔！眼前是一片光輝燦爛的世界。

如此光明美麗的世界，一定有什麼好東西在裡面吧！一次就好，我好想進去那個美麗的世界一次，看看裡面啊！

我實在無法壓抑自己的欲望，就像被吸過去一樣，跳進了河裡。

好、好痛苦……剛剛我還覺得河流那樣美麗，但現在只覺得好冷、不能呼吸，這個世界好痛苦。我的身體就這樣被河流吞噬、意識也愈來愈模糊，最後看到的是有個像是大蛇的東西，慢慢地從我的屁股爬了出來。

不諳水性的螳螂
投水自殺 !?

鐵線蟲令人驚訝的心理控制術

螳螂與鐵線蟲

首先，大家已經看過了那投水自盡的螳螂生涯的落幕。

蟋蟀、螳螂和穴螽等昆蟲明明就完全不諳水性，要是跳進河流當中，簡直就是投水自殺。一旦走進水裡，這些蟲子的命運不是溺死、就是被魚兒大口吞下肚。牠們究竟是為了什麼，才會奮不顧身的進入水中呢？

在這些投水自殺的昆蟲體內，有個能夠操控宿主行動的寄生者，那就是名為「鐵線蟲」的生物。雖然名字裡有個「蟲」，但牠並不是昆蟲，而是型態非常單純的動物，整個身體沒有腳等突起物、也沒有眼睛，長大後的身體就只是一條線。這種生物的外表看起來就像是黑色鐵絲一樣。

抓到啦！

啊！

鐵線蟲就是像鐵絲一樣的蟲子？

所謂鐵線蟲，是線蟲動物門—線形動物綱—鐵線蟲目中所有生物的總稱。據說全世界有二千多種鐵線蟲，日本目前紀錄上有 14 種。

鐵線蟲的體長因種類不同而相異，有些只有幾公分，也有些可以長達 1 公尺。牠們的表面被表皮角質的堅硬膜層覆蓋，這層膜乾燥之後會變得像鐵絲一樣堅硬，所以才被取名為「鐵線蟲」。實際上如果看過鐵線蟲的影片，應該就會發現，牠們不像蚯蚓那樣柔軟地扭來扭去，反而像是在掙扎、痛苦打滾一般，移動的方式非常獨特。

那麼，形狀如此單純的鐵線蟲究竟是如何進入螳螂等昆蟲的體內，操控身體比自己大了好幾倍的昆蟲，讓牠們投水自殺的呢？就讓我們來窺探一下牠們的一生吧！

鐵線蟲的小寶寶出生

首先讓我們來看看鐵線蟲是怎麼產卵的。鐵線蟲的形狀雖然簡單，但還是男女有別，所以不交尾就無法產卵。而牠們的交尾必須在水中進行。

河流如此寬廣，不禁讓人驚嘆身體如此小的雌、雄鐵線蟲要能夠相遇，機率簡直就是奇蹟。我們目前仍無法得知牠們是如何在水中找到另一半的，但想當然地，牠們也必定是拼了命，才能找到交尾的對象。雌、雄蟲相遇之後便會纏綿糾結在一起，雌蟲在接收雄蟲的精子使卵受精後，就會在水中產下大量卵團。

這些卵在河流當中進行細胞分裂大概一、兩個月之後，就會發育為像是小小毛毛蟲的樣子。之後從卵裡爬出來的鐵線蟲寶寶，就會在

河川底部靜靜等待「某件事情」發生。牠們究竟在等待什麼呢？令人驚訝的是，牠們在等著自己被吃掉。蜉蝣或者搖蚊這類水生昆蟲在還是幼兒的時期，會在河川裡頭生活，撈捕河流裡的有機物作為食物享用。鐵線蟲寶寶們等到自己好運來臨時，就能夠被這些昆蟲吞下肚。

　　被吃掉的鐵線蟲寶寶，並不會與一般的食物一樣好好被消化。這些小到不能再小的鐵線蟲寶寶，有著強而有力的「武器」。牠們的身體前端，有著像是鋸子一樣的東西，而且牠們還能夠收放自如這個武器。

　　被昆蟲吞下肚的鐵線蟲寶寶，會用牠們的鋸子掘入水生昆蟲的腸道，往身體內部前進。之後如果在對方肚子裡找到合適的地方，就會變身為「包囊」。

　　「包囊」是鐵線蟲休眠狀態最強模式。牠們將毛毛蟲般的身體蜷曲起來，打造出一個外殼之後便進入休眠狀態。在這個狀態下，就算是在零下 30°C 的低溫當中，牠們也不會結凍，能夠好好活下去。進入這個狀態後的下一步，就是等待從河流裡上岸的機會了。

● 從河流生活轉往陸地生活

　　原先在河流當中生活的蜉蝣和搖蚊，在羽化為成蟲以後，就會長出翅膀。接著牠們就會離開河流，開始在陸地上生活。而牠們的肚子裡，有著沉睡的鐵線蟲寶寶。

　　這些肚子裡懷有鐵線蟲寶寶的蜉蝣或者搖蚊，開始在陸地上生活之後，可能會被體型較大的螳螂等肉食性昆蟲吞下肚。

　　進到螳螂體內的鐵線蟲寶寶就會醒過來。牠們會進入螳螂的消化器官當中吸收營養，成長為幾公分到 1 公尺之長。鐵線蟲是用體表來

吸收養分的，牠們並沒有嘴巴、也沒有消化器官。在螳螂肚子裡的鐵線蟲逐漸成長，不再是小寶寶，外觀上也成為美麗的鐵絲樣子。此時的牠們也已經有繁殖能力了。於是，鐵線蟲就會開始蠢蠢欲動。為何會蠢蠢欲動呢？其實這跟人類是一樣的吧！也就是說，當小孩子長大了以後，就會開始想要找到自己的另一半。

但是前面我們有提過，鐵線蟲的交尾活動必須要在河裡面才能進行。這也代表著，牠們雖然好不容易來到陸地上，但為了要找到結婚對象，還是得再次回到河裡才行。

因此，牠們必須控制宿主昆蟲的心靈，讓只能在陸地上生活的宿主，自己走向河邊。

經過策劃的螳螂自殺

鐵線蟲所寄生的螳螂等陸上昆蟲，絕對不會自己飛往河川當中。但是，在牠們體內的鐵線蟲卻非常想要回到河流裡。因此若螳螂的體內有長大後，身體已臻成熟的鐵線蟲，牠便會如同本章開頭所敘述的故事，彷彿被什麼東西附了身，就這樣自己走向河流、跳了進去。

結果已經長大的鐵線蟲，便會從溺水的螳螂屁股緩緩地爬出來。而回到河流當中的鐵線蟲，就會出發尋找交尾的對象、然後產卵。

是如何讓牠們自殺的呢？

鐵線蟲會讓宿主昆蟲走向水邊的這件事情，我們很早以前就發現了。但是牠們是使用什麼方式來操控宿主的行動，卻是個謎。雖然目前整體的操控機制還是幾乎難以解明，不過在 2002 年，法國的研究團隊，已經成功分析出了此手法的一部分。

　　研究員先打造了一個 Y 字型的分歧道路，兩條道路的出口一邊有水、另一邊則沒有水。接著分別讓被鐵線蟲寄生的蟋蟀、以及沒有被寄生的蟋蟀通過該道路。

　　結果發現不管有沒有被寄生，蟋蟀走向盡頭有水的道路機率都是一半一半。也就是說，並不是因為被鐵線蟲寄生，蟋蟀就會朝著水走過去。

　　但是到了有水的出口，兩者出現的行動卻大不相同。沒有被寄生的蟋蟀，就算從盡頭有水的出口走出來，也因為牠們不諳水性，所以並不會往水裡走，而是停留在原處。但是被鐵線蟲寄生的蟋蟀，則是完全不在乎眼前的水，幾乎百分之百會往水裡跳。

　　看到這個結果的研究者們，預測蟋蟀可能是對於放置在出口的水面反光而有所反應。因此接下來的另一項實驗，就是以蟋蟀是否對單純的光線產生反應來取代水的變因。結果發現，被寄生的蟋蟀的確是針對光線而有所反應進行動作。

　　另外，2005 年同一組研究團隊也針對在蟋蟀腦部發現的蛋白質進行調查。團隊分別將已經被鐵線蟲寄生的個體、並未被寄生的個體、雖然被寄生但行動不受到操控的個體、被寄生且鐵線蟲成功從尾部逃脫出來的個體腦內蛋白質進行比較。

　　結果發現，只有被鐵線蟲操控行動的蟋蟀腦內，存在著幾種特別的蛋白質。這些蛋白質與神經異常發達、場所認知、光線反應等行動相關的蛋白質極為相似。

　　除了上述幾種蟋蟀自體分泌的蛋白質外，這些被寄生的蟋蟀腦內，也出現了可能是鐵線蟲製造的蛋白質。停留在腹部內的寄生蟲竟然能夠製造腦內物質，藉此操控宿主，這實在是令人非常驚訝。

由這些研究可以得知，鐵線蟲會混淆宿主蟋蟀的神經感知情況，讓牠們對光線的反應異常，只要接近閃閃發光的水邊就會跳下去。

在河流自殺的昆蟲是魚類的重要食物來源

被鐵線蟲寄生、心靈遭到控制而在河流中自殺的昆蟲，在日本全國可說是前仆後繼。但是，這些昆蟲並沒有白白死去。研究發現，牠們在河流、森林的生態系當中占有重要的一席之地。

在 2011 年發表的研究當中，研究小組將河流劃分為兩段區域，一段在周遭覆蓋塑膠布，使那些被鐵線蟲寄生的穴螽無法跳進水裡；另一區則是維持原樣（跳水自殺請自便 !?），進行了為期兩個月的觀察。

結果發現，棲息於河中的魚類，其總能量有約 60% 是來自跳河自殺的穴螽。也就是說，河魚的食物有一半以上是跳水自殺的昆蟲。

另一方面，讓穴螽無法跳進水裡的區段，由於河魚無法享用那些自殺的穴螽，只好大量捕食河裡的水生昆蟲，該河段中的水生昆蟲也因而大量減少。這些水生昆蟲的食物是藻類及落葉，當河流裡的水生昆蟲一減少，從水生昆蟲口中逃過一劫的藻類存活量就增加為 2 倍。同時，原先由水生昆蟲協助分解的落葉，其分解速度也減緩了 30%。

由此可見，鐵線蟲這個居住在昆蟲體內的小小寄生者，並不僅僅操控昆蟲讓牠們跳水自殺，其實也對於河流的生態系有非常大的影響。

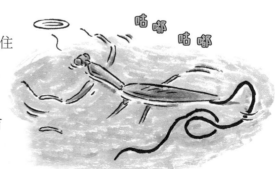

咕嘟咕嘟

與扁頭泥蜂的相遇

【一隻蟑螂的故事】

「我在這光線黯淡的洞穴當中已經過了幾天呢？」
那傢伙昨天才離開，我盯著牠遠走的出口一邊想著這件事情。

只要打破那個出口，外頭就是閃爍著太陽光輝的山林，我就能夠像以前那樣自由自在地到處奔走。那個出口，不過就是用土稍微蓋著，應該很容易就能破壞吧？
但不知為何，我就是不怎麼想去動它。

這幾天的記憶似乎有些曖昧，只能想起一些斷斷續續的片段。我肯定是忘了什麼重要的事情。得好好回想才行。

最先是在哪裡遇到那傢伙的呢？對了，是在家附近的草原。
那天我正拼了命地在找有沒有什麼東西可以吃。
就在那時，覺得遠遠地似乎有種拍動翅膀的嗡嗡聲接近，我想應該是有蜜蜂在附近採花蜜吧？下個瞬間，我的胸上猛然地傳來一陣刺痛感。
我嚇了一跳而回過頭看。結果有隻閃爍著祖母綠寶石光芒的蜂類，牠用下顎狠狠咬在我的胸上。
我痛得要命、又沒來由地被攻擊，所以覺得非常憤怒、想要趕走那個傢伙。
畢竟這傢伙如此細小，身體只有我的一半大。更何況在這一帶，我的敏捷度可還挺有名氣的呢！
這麼小的傢伙，我馬上就能趕走牠。

我立刻動起手腳來對付這個爬到我身上的傢伙。但是那傢伙用下顎死咬著我不肯放開。

　　搞什麼啊！這傢伙怎麼從屁股伸出針來了。
　　牠打算刺我啊!?
　　我怎麼可能會輸呢!?
　　但是怪了，我的前腳卻使不上力。
　　我的腳逐漸失去感覺，整個身體也沒有了力量。

　　那傢伙應該是看到我的行動變遲鈍了，心想是壓制住我的大好時機。只有那一瞬間，我似乎又看到了那根針，接著就感到腦袋一陣刺痛。
　　之後我的意識就非常模糊，眼前一片黑暗。

將蟑螂當作奴隸、
外觀有如寶石的蜂類

其精密又大膽的洗腦方式

扁頭泥蜂 1

　　被具有閃亮亮光澤蜂類攻擊的，是一種名為美洲家蠊的蟑螂。居住在日本的大多數人應該也都曾在自家見過……對，就是那個。

　　蟑螂在全世界約有四千種。據說總數量多達 1 兆 4853 億隻，推測光是在日本就棲息了 236 億隻。稍微計算一下，平均每一個日本人周遭大概就存在著 200 隻蟑螂。姑且不論這個數字到底是多是少，蟑螂其實在各方面都是非常令人驚訝的昆蟲。

🪳 蟑螂的四個驚人之處

　　第一，牠們可是生物演化上的大前輩。蟑螂在大約三億年前的古生代石炭紀時期就已經出現在地球上，是最古老的昆蟲之一。牠們的大小和形狀從那時起就沒什麼改變。三億年前別說是人類了，連哺乳類的祖先那時也根本還沒出現在地球上。蟑螂從那個時代起就未曾滅絕，一直存活至今，可以說是奇蹟般的昆蟲。或者該說，我們現在還能夠和度過幾億年時光的生物共同生存在這個世界上，其實還真是有點令人感動呢！

　　第二，蟑螂沒有什麼飲食好惡，什麼都能吃。大多數昆蟲只能夠享用某幾種特定的植物或者昆蟲，也就是說牠們在飲食上是非常好惡分明的。當然，這其實並不是單純牠們喜歡或討厭的偏好問題，而是因為牠們的身體就算吃了其他種類的食物，也無法吸收營養。但蟑螂是什麼東西都吃的雜食性生物。除了人類吃剩下的東西當然沒問題以外，家裡的壁紙、書本的紙張、其他蟑螂的屍體，甚至是糞便都能夠輕鬆入口，藉此延續自己的生命。

　　第三，蟑螂的繁殖力非常旺盛。母蟑螂只需要交尾一次就能夠生產好幾次，每次都會產下一個能夠容納許多卵的膠囊，這個膠囊被稱為「卵鞘」。這個只有 1 公分多的卵鞘，外觀看上去就像是一粒比較大顆的紅豆，但是有著非常堅硬的外殼包覆，因此就算是殺蟲劑也無法對卵鞘產生效用。

　　一般家庭中常見的黑褐家蠊，牠們的一個卵鞘當中大約有 22 ～ 28 個卵，而一隻母蟑螂一生可生產次數約是 15 ～ 20 次。也就是說，一隻母蟑螂一輩子約可以產下 500 隻孩子。俗話常說：「家裡如果看到一隻蟑螂，大概就還會有 100 隻。」但正確來說應該是：「家裡如果看到一隻母蟑螂，那麼就應該還有 500 隻。」

　　第四，就是牠們非常敏捷。以美洲家蠊來說，1 秒大約可以跑 1.5 公尺。也就是說，牠們可以在 1 秒內前進自己體長 40 ～ 50 倍的距離。若以這個比例來換算成人類的移動速度，大概就是 1 秒內前進 85 公尺左右，這比東海道新幹線還要快。

　　也許人類正是因為瞭解牠們的卓越能力，體會到徹底的挫敗感，才會害怕又討厭蟑螂吧？但是，在自然界卻有某種蜂類能夠隨心所欲操控那全世界都討厭的蟑螂，讓牠們像個奴隸一樣為自己做事。

襲擊蟑螂的美麗蜂類

攻擊蟑螂的，是一種名為扁頭泥蜂（emerald cockroach wasp，學名：*Ampulex compressa*）的寄生性蜂類。這種蜂類的日文名字又叫做寶石蜂，是一種有著祖母綠寶石色調的蜂類。牠們身上除了腳的一部分是橘色以外，身體其他部分都閃爍著祖母綠色的金屬光澤，有如美麗的金屬擺飾品。由於牠如此美麗，因此在英文當中也被稱為"Jewel Wasp（寶石黃蜂）"。

扁頭泥蜂體長大約 2 公分左右，為細腰蜂科（同為膜翅目昆蟲）的近親，而細腰蜂主要棲息於南亞、非洲、太平洋諸島等熱帶地區。很遺憾地，牠們並不存在於日本。

扁頭泥蜂的日文全名是「祖母綠蟑螂蜂」。既然名字裡有蟑螂，我想大家應該可以聯想到，這種蜂類只會攻擊蟑螂。而且牠們的攻擊對象，都是美洲家蠊或者家屋蟑螂這類身體比自己大上幾倍的蟑螂。

同時我們先前也有提到，蟑螂會以牠們的迅捷作為武器，能夠馬上跑掉甚至是飛走。蜂類要攻擊身體比自己大好幾倍、又行動敏捷的蟑螂，感覺起來成功率非常低。但是扁頭泥蜂卻有牠們的獨門祕技。

那麼接著就來看看牠們的大膽計畫吧！

喪失逃生欲望的蟑螂

扁頭泥蜂一開始會從上方撲到打算逃走的蟑螂身上，用牠們的下顎緊咬住蟑螂，使對方動彈不得，然後迅速地用針刺下去。至於要刺哪裡，可是非常嚴謹的。

在 2003 年的研究當中，終於釐清牠們所刺的究竟是哪個部位。該研究以放射性同位素作為追蹤劑，追尋蜂毒究竟是朝蟑螂身體的哪個部位釋出。結果發現，蜂毒進入了蟑螂的胸部神經節。蟑螂在該處被注入毒液之後，前肢就會麻痺。

而這第一次的麻醉，只是為第二次毒液注射所做的前置準備。在被第一次注射毒液後，前肢開始麻痺的蟑螂幾乎動彈不得。此時，扁頭泥蜂會刺向更精確的地方，將毒液送進蟑螂的腦部。

接下來的第二次注射，目標是將蜂毒送進能夠抑制蟑螂逃避反應的神經細胞。也就是說，第一次注射是為了讓蟑螂不要躁動；第二次則是抑制蟑螂「逃走」的這個行為。

第二次注入毒液產生的效果，則是由 2007 年一篇論文解釋釐清的。該篇論文當中提到，扁頭泥蜂的毒液會阻斷無脊椎動物主要的神經傳導物質——章胺的受體，藉此來抑制「逃跑」這個行為。

失去逃走意願的蟑螂，之後會有什麼樣的遭遇呢？

扁頭泥蜂 ②

重要的觸角兩根都被剪斷了
還被帶到巢穴去

啊！

嘿咻！

啪嚓

牠要帶我去哪裡啊

緩步前行 ◀‥‥‥

就這樣我的孩子們安全啦♪

嗯嗯…

卵

扁頭泥蜂會在巢穴當中把自己的卵產在蟑螂的肢體上

真是的，搞什麼……

Hello world！！

透了

死

泥蜂從卵孵化成為幼蟲以後，就會侵入蟑螂的體內。啃食蟑螂內臟的幼蟲會化為蛹，4週後長大為成蟲，撕裂蟑螂的亡骸！

遭到洗腦的我

【一隻蟑螂之後的故事】

在我忽然地恢復意識時，前腳的力氣也已經恢復。

我立即站了起來。而那亮晶晶的傢伙還在眼前。

牠緩緩朝我靠了過來。

我得逃走才行，牠不曉得又要對我做什麼了。

雖然我心中這麼想，身體也試著移動，但不知為何，我的意識與身體卻不聽使喚，只是愣愣地看著牠朝我過來。

那傢伙來到我的臉部正前方，俐落地將我最重要、最重要的兩根觸角，從正中間剪斷了。

我的觸角——可以感受光線、感受氣味、感覺當天的天氣，也會告訴我哪裡有食物的兩根重要觸角。

那傢伙毫不遲疑就從正中間把它們切斷了。

在那個時候，要是我有必死的決心，也許還能從那傢伙的身邊逃開吧！但不知為何，我就是沒有特別想那樣做。

那傢伙似乎想把我帶到其他地方去。

牠用力扯著我只剩下一半的觸角，就像是叫我跟著牠走。而我只能靜靜跟著那傢伙前行。

結果就是來到這個黑暗的洞穴。

之後那傢伙又對我做了什麼呢？我只記得那真的是有夠噁心……。噢，腦袋裡一片模糊。我總覺得應該要想起某件重要的事情才行。

　　等等，對了！在那之後，牠緩緩地在我的腳靠肚子的地方，生下一個小小圓圓的卵。

　　我好幾次想著要跟牠說：「拜託不要做那麼噁心的事情啦！」

　　但我還是沒有說出口。而且那傢伙的卵那麼小，我只要用自己敏捷的肢體動一動，馬上就能揮掉了。

　　不過我還是沒有動手。不知為何，我竟然覺得沒有必要那樣。

　　在那幾天後，產在我身上的小小卵裡爬出了一隻像是小小毛毛蟲的東西。牠悠哉地在我身上開了個洞，然後扭身進入了我的肚子裡。

　　我只是默默地看著牠。這到底是怎麼一回事？

　　那個進到我身體裡的傢伙，現在正在做什麼呢？

　　日復一日，那傢伙在我的肚子裡面蠢蠢欲動的感受越來越強烈了……

CASE 03

扁頭泥蜂的
「腦白質切除術」

蟑螂那無比淒涼的末路

⬛ 呆滯的蟑螂

會捕捉其他昆蟲、蜘蛛等動物並帶回自己的巢穴，用來餵食孩子的蜂類被稱為「狩獵蜂」。這些蜂類從外面帶獵物回家的時候，會注射毒液讓獵物陷入假死狀態，然後再把牠們帶回家。也就是說，牠們的獵物都是自己能夠帶回家的大小。

但是，扁頭泥蜂的獵物是比自己身體大上好幾倍的美洲家蠊。要是對方陷入假死狀態，靠自己根本無法把牠搬回巢穴。因此，牠不會讓蟑螂陷入假死狀態，而是使用更複雜的下毒方式，讓獵物可以用自己的腳走。

那麼，就讓我們看看腦部被注入第二次毒液的蟑螂，之後會遭遇到什麼事。

蟑螂從麻醉當中清醒後，會若無其事地站起來。牠沒受什麼傷，非常健康。但是和牠第一次被注入毒液時不同的是，這時候的牠已經不會躁動著要逃走。我們在前章已經提過，這是由於牠身上用來控制逃避反射的神經細胞，已經被注射了毒液。

失去逃走意願的蟑螂，幾乎就是對扁頭泥蜂言聽計從的奴隸。蟑螂可以用自己的腳走路、也可以像平常一樣打理自己身體周遭。但牠的動作卻變得非常遲鈍，幾乎不會靠自己的意志來行動。

目前的研究已經確認，這些被注射了第二次毒液的蟑螂，在約莫72 小時之內，游泳能力及傷害感受性反射都明顯低落；但另一方面，牠們的飛翔能力及轉身能力卻沒有受損。

我重要的觸角！

不過，扁頭泥蜂看見蟑螂呆然站在原地，又會對牠做出更過分的事情。扁頭泥蜂會將蟑螂的兩根觸角都給咬斷，只剩下一半長。

蟑螂的觸角，是重要性超乎人類想像的器官，就算說牠們完全靠這兩根觸角生活也不為過。首先，觸角能夠察覺障礙物的存在。由於觸角可以感受到風的流動及刺激，因此能夠辨識出是否有障礙物，藉此來決定牠們的前進方向。另外，蟑螂尋找食物的時候也會用到觸角。牠們會擺動那長長的觸角，偵測食物所在。

而對蟑螂如此重要的觸角，扁頭泥蜂卻會毫不留情地從中截斷，此時蟑螂的體液很自然地會從被切斷的觸角傷口處流出。目前也有人觀察到，扁頭泥蜂會在此時吸取蟑螂的體液。

一般認為，這可能是扁頭泥蜂單純想要補充自己的體液，又或者是為了確認是否需要調節蟑螂體內的毒液濃度。如果毒液過量的話，蟑螂可能會死掉；而毒液太少的話，蟑螂就會逃走。

　　針對腦部注入毒液來控制個體的行動，簡直就像是人類從前曾做過的「腦白質切除術」一樣。

人類曾實際做過的可怕腦部手術

　　腦白質切除術的做法為切除或者破壞腦部前額葉皮質的一部分，這是於 1935 年，由一位神經學者安東尼奧．埃加斯．莫尼斯 (António Egas Moniz, 1874 ～ 1955) 所研究出來，用以治療某些心理疾病的方法。針對容易躁動的精神病患者、又或者有自殺衝動的憂鬱症患者進行此種手術以後，他們就會失去感情起伏而變得非常穩定。

　　由於這種手術被認為對治療精神疾病有相當顯著的效果，莫尼斯還因此獲得了諾貝爾生理醫學獎。之後這種手術在全世界流行了大約二十年以上，而日本到 1975 年為止，都還有這種手術的施行紀錄。

　　由於腦白質切除術是「切除腦部的手術」，因此施行的方式可以為在頭蓋骨上打洞之後，使用較長的手術刀切除前額葉皮質；或者是從眼窩處將冰錐狀的工具打進去，藉此切斷神經纖維。

　　但是到了 1950 年代，這種手術的可怕之處終於逐漸浮上檯面。接二連三有報告顯示，接受了腦白質切除術的患者發生了失去人類應有的知覺、知性、感情等情緒的後遺症。而到了 1960 年代，由於人權思想高漲，這種手術也就逐漸消失了。

　　日本是於 1942 年第一次施行這種手術。在第二次世界大戰期間到戰後，在各地一直都有人施行，主要治療對象是思覺失調症患者。據說在這段時間內，日本有三萬到十萬以上的人接受了這種手術。

　　另外，日本甚至發生了接受腦白質切除術的患者，為了報仇而殺害未經自己同意就施行手術的醫師家人（腦白質切除術殺人事件）。

這可不是遛狗而是遛蟑螂

我們把話題拉回那些可憐的蟑螂身上吧！彷彿被動過腦白質切除術的蟑螂，失去了逃走的意願，就算觸角被剪掉一半也還是呆滯地停留在原地，已經不像原先那樣敏捷。因此扁頭泥蜂只要扯扯蟑螂的觸角，蟑螂就會往那個方向走，簡直就像在遛狗一樣。扁頭泥蜂就這樣拖拉著蟑螂，讓牠用自己的腳走到某個扁頭泥蜂指定的地方去。

牠們抵達的是一個非常黑暗的地下巢穴。這是扁頭泥蜂媽媽為了要養育自己的孩子而事先打造好的巢穴。牠讓蟑螂用自己的腳好好走到巢穴深處以後，就會將自己長約 2 公厘左右的卵產在蟑螂的腳上。這個時候，蟑螂依然乖乖地待在原地。

產完卵之後，扁頭泥蜂就會自己走出到巢穴外頭，接著牠會在外面用土壤覆蓋住巢穴的入口，這是為了不讓其他的獵捕者發現已經附著了牠的卵的那隻蟑螂。扁頭泥蜂完成封土後，就會為了產下一個卵，起飛去找另外一隻蟑螂。

而那隻被關在裡頭的蟑螂，就算巢穴的出入口只是被薄薄的土壤堵住，也還是一樣乖乖地待在巢穴當中等待。牠們究竟在等待什麼呢？當然就是在等扁頭泥蜂的孩子從卵當中出世囉！

就算身體被啃蝕殆盡也還活著

扁頭泥蜂的孩子要從卵當中爬出來，大概需要 3 天左右。在這段期間內，蟑螂明知自己腿的根部那兒黏著一顆卵，卻還是靜靜地清理自己身體其他部分然後活下去。等到扁頭泥蜂的幼蟲孵化了之後，牠就會在蟑螂的身上開洞，侵入蟑螂的體內。

當然，蟑螂這個時候還是活著的，也還留有某種程度上自由行動的力氣，但牠們並不會抵抗。

在這之後大約 8 天的時間，蟑螂會在存活的狀態下，被扁頭泥蜂的孩子啃食內臟。生吃蟑螂當然是有理由的。這些扁頭泥蜂的幼蟲並不想吃死肉，而是希望從新鮮的肉當中攝取營養。因此，牠們會想辦法讓蟑螂能夠活到自己化為蛹之前的一刻，吃生肉吃到最後。

死了也還有用的蟑螂

吃下大量蟑螂內臟的扁頭泥蜂幼蟲會在蟑螂體內長大，最後化為一個蛹。而在扁頭泥蜂化為蛹、不再啃食蟑螂身體以後，這隻蟑螂活著的使命就已經結束，默默嚥下最後一口氣。

但是身體成了空殼的蟑螂還是有它的用處。雖然已經失去內臟，但外殼畢竟還是蟑螂原先的樣子。包含蟑螂在內，昆蟲都有所謂的外骨骼，外層的殼非常堅固，可以用來保護內臟及肌肉。扁頭泥蜂的孩子在蛹期的這四個星期內，由於無法動彈，對外界處於最沒有防備的狀態。因此，牠們會在蟑螂的外殼當中化成一個蛹，希望在這段時間內，能夠以蟑螂的堅固殘軀來保護自己。

扁頭泥蜂幼蟲化為蛹經過四週以後，就會長大為成蟲狀態，之後便打破蟑螂亡骸，以其美麗的祖母綠色姿態飛走。

作為對付蟑螂的工具可行嗎？

扁頭泥蜂成蟲的壽命約為幾個月，而雌蜂要在蟑螂身上產下幾十個卵，也只需要一次交尾，具有大量繁殖的潛力。

　　既然蟑螂是造成衛生問題的害蟲，那麼乾脆讓扁頭泥蜂盡量去狩獵牠們，這樣不是很好嗎？也許有很多人會這麼想。當然，也確實有些研究者是這麼想的。

　　1941 年，夏威夷為了掃除生物圈中的蟑螂，將扁頭泥蜂引進當地。直接告訴大家結果，就是這麼做並沒有達成大家期望的清掃蟑螂目的。

　　這是由於扁頭泥蜂的劃地盤行為非常強烈，就算大量放養，牠們也無法擴散到非常寬廣的範圍。另外，一隻泥蜂只能產下幾十個卵，這和蟑螂的繁殖速度相比，根本是小巫見大巫。

日本也有狩獵蟑螂的蜂類

　　雖然扁頭泥蜂並未棲息於日本，但是牠有兩種長背泥蜂科的近親生活在日本，就是疏長背泥蜂（學名：*Ampulex dissector*）及三齒長背泥蜂（學名：*A. tridentata*）。生活在日本的兩種長背泥蜂都比扁頭泥蜂稍小，體長大約是 15 ～ 18 公厘左右。

　　疏長背泥蜂棲息在本州的愛知縣以南、四國、九州、對馬、種子島上；三齒長背泥蜂則在更南方的奄美大島、石垣島及西表島上。

　　這兩種長背泥蜂都與扁頭泥蜂相同，身體具有著金屬光澤的祖母綠色，且已知牠們的幼蟲也會以黑褐家蠊、美洲家蠊等為食。

【一隻木工蟻的故事】

「這件事情，就算說給其他同伴聽，牠們大概也不會相信我吧？

因為我親眼所見的這件事情，恐怖到根本超乎現實。

沒錯，我看到的肯定不是在現實發生的事！

所以那一連串事件我還是不要說出口，早點忘掉比較好。」

我就這樣默默閉上眼睛。

我們在這片亞馬遜森林當中，算是頗有名的。

看看我們這強壯的巨大上顎吧！靠著這個上顎，我們能夠與夥伴結黨聚眾、一起打倒比我們身體大上好幾倍的對手。

我們也能夠在樹木中打造出一個美麗家園。因此，人類也稱呼我們為木工蟻。

我們會與夥伴及家人一起狩獵、互相合作打造宏偉的家園，我認為這就是我們的生存意義。

因此，幾乎沒有哪個傢伙會擅離職守、脫離群體。

但這陣子，我聽到一些傳聞。

據說有些時候，會有一些腳步跟蹌、搖搖晃晃離開群體的傢伙。而那些離開的夥伴，就再也不會回到群體當中了。

先前我一直專注於自己的工作，從來沒留意到有哪個夥伴就此離去。但自從我聽說這件事情後，在工作中也會稍微觀察一下周遭。

某一天，我發現有個傢伙逐漸遠離了大家，因此連忙跟在牠身後。

牠離開大家後，就像發狂似地到處繞來繞去，像是在找什麼東西。

而且牠的走路方式看起來實在詭異。該怎麼說好呢？對了，就像是殭屍一樣搖搖晃晃的那種感覺。

　　那傢伙到了一個溼答答的地方之後，猛然停下腳步，開始爬上那兒的草，然後用我們非常自豪的巨大上顎緊咬住葉片不放。我藏身在草的附近，想偷偷觀看那傢伙下一步的行動。

　　之後究竟過了多久？周遭原本還非常明亮，在不知不覺間已經轉暗，但那傢伙還是咬著葉片不放。

　　「不、不對，牠死了啊！」

　　我的夥伴用巨大上顎咬著葉片就這樣斷了氣。

　　「為什麼……，這到底是為什麼……？」

　　我仰望著伙伴的屍體，動彈不得。

　　太陽逐漸西沉，周遭陷入了寧靜的黑暗當中。夥伴的屍體在月光下浮現出清晰的剪影。

　　「繼續待在這裡也束手無策，還是回去向大家說發生了什麼事吧！」

　　回去之前，我打算再看一眼神祕死亡的夥伴姿態好記住那樣子，所以又轉回頭看看。沒想到，卻瞥見夥伴的上顎好像多出了什麼東西。

　　「那是什麼？」

　　我定睛凝視黑暗中那已成為屍骸的夥伴身影，結果看見那東西似乎從夥伴的頭部扭著身子冒了出來。

　　我馬上意識到：「夥伴的身體裡藏有某種恐怖的東西。」

　　由於實在太過恐怖，我立刻逃離了那裡。

將螞蟻變成了殭屍 !?

死亡場所及時刻都能準確操控的
可怕寄生生物真面目

行屍走肉蟻

　　被推落恐怖深淵的主角，是居住在巴西熱帶雨林等處的「木工蟻」。那些遠離群體、搖搖晃晃走向他處的夥伴，其實牠們的身心都已經被「某種東西」給取代了。而那個「某種東西」就是某種「菇類」或者「黴菌」。也就是大家會丟進鍋裡炒一炒、或者烤一烤，變成美味佳餚的那種食物菇類的親朋好友。

　　菇類是一種被稱為真菌的生物。真菌當中包含菇類、黴菌和酵母菌等，它們比細菌大，細胞當中也具備細胞核等有膜胞器。

　　菇類會在木頭或土壤中延伸其菌絲。這些不會露出木頭外側或地表的菌絲其實才是菇類的本體，但我們幾乎不會看到這些東西。那麼，平常我們買來享用的「菇」，又是什麼東西呢？其實那是被稱為「子實體」的部分。

　　從殭屍螞蟻的頭部扭動現身的，就是這個「子實體」的部分。它們會形成被我們認定是菇類的子實體，並從該處灑出孢子，這些就是產生下一代菇類的種子。

　　菇類和黴菌在生物學的分類上幾乎沒什麼差異。唯一的不同之處，就是用來製造孢子的「子實體」有些許相異。一般來說，菇類的子實體較大，大多肉眼可見；而黴菌的則較為微小。「菇類」這個名稱也只不過是用來稱呼菌類當中，子實體比較大的那些群體，或者是平常被我們用來稱呼的那些子實體罷了。

　　這次雖然從螞蟻頭部長出來的子實體也是肉眼可見的大小，但畢竟沒有大到像我們日常生活中可以食用的「菇類」，所以我們還是把螞蟻身上長出來的東西稱為「黴菌」好了。

　　那麼，接下來就讓我們看看，頭上長了黴菌的螞蟻，身體內部究竟發生了什麼事情。

● 侵入螞蟻體內的寄生黴菌

　　感染木工蟻並寄生在牠們身上的，是屬於子囊菌門中的黴菌。

　　感染的途徑一開始是黴菌孢子從空中輕飄飄地落下來，接著這些黴菌孢子就會從螞蟻的「氣門」侵入牠的體內。「氣門」是昆蟲特有的器官，用途是讓空氣進入身體當中。

　　進到螞蟻體內的黴菌，會緩緩溶解螞蟻的身體組織，再一步步往腦部方向前進，最後抵達腦部，並支配、操控螞蟻的行動。

　　感染黴菌的螞蟻，自感染起算，大概在 3 ～ 9 天後才會死亡。在這段時間內，黴菌雖然在螞蟻的體內擴散開來，但螞蟻仍會在自己的巢穴當中與其他螞蟻接觸、也會吃東西，看似過著一如往常的生活。

▪ 殭屍螞蟻的腦部遭到入侵後將前往……

在螞蟻體內擴散開來的黴菌發芽完畢之後，螞蟻的行動就會完全遭到黴菌支配。牠們會腳步蹣跚，像殭屍般繞來繞去，尋找對於體內黴菌來說最適合生長的溫度與溼度環境。

一旦移動到潮溼又溫暖，對於黴菌來說再適合不過的場所之後，螞蟻就會爬到植物上頭，以牠們巨大的上顎用力咬住葉片的葉脈，並且停留在那兒，讓自己的身體能夠固定在葉片上。做完這件事情後，螞蟻就斷氣了。但就算螞蟻已經死亡，牠的上顎也不會鬆開，依然固定在葉片上。

在相關研究的論文當中，解剖那些遭到寄生的螞蟻時發現，當螞蟻咬住葉脈的時候，牠們的頭部就已經充滿了黴菌細胞。另外，螞蟻在被寄生之後，上下顎的肌肉都會萎縮。想來這應該也是黴菌的戰略之一。寄生的黴菌會吸取螞蟻上下顎肌肉當中的鈣質使其萎縮，這樣就能夠打造出與死後僵硬非常類似的狀態。如此一來，就算在螞蟻死亡後，也可以避免牠的上顎鬆開而脫離葉片。

▪ 死亡時刻也能準確操控

目前我們已知遭到寄生黴菌感染的螞蟻，除了死亡場所以外，就連牠們的死亡時刻都遭到精密的操控。

被黴菌寄生的螞蟻，幾乎所有個體都會在接近正午的時候抵達牠們最終殞命的場所。螞蟻咬住葉脈的時刻是在正午，但實際上，牠們在日落前都還一息猶存。不過一到日落時刻，牠們便會斷氣。而入夜之後，寄生的黴菌便會衝破螞蟻的頭部、開始發芽。

　　雖然黴菌躲在螞蟻身體當中時能夠受到保護，然而一旦發芽後接觸到外界，就成為毫無防備的狀態。這種寄生黴菌與大多數黴菌相同，非常無法忍受高溫和陽光，要是在大太陽底下發芽，那多半很快就會死去。因此，很有可能是它們刻意操控螞蟻的死亡時間，讓黴菌衝破螞蟻頭部發芽的時間發生在較為涼爽的夜間。

　　螞蟻將自己固定在葉片後，黴菌的子實體便會以螞蟻的屍體作為苗床，扭動身子開始發芽。這個子實體會釋出自己內部懷抱的大量黴菌孩子──也就是孢子。黴菌的孢子是粉狀的，因此這時候就好像下起殭屍粉雨一般，而這些孢子也會再次寄生到位於地面的螞蟻身上。

　　殭屍螞蟻事件的始末大概就是這個情形。黴菌這種生物就算是無法依靠自己的意志行動，身體結構只由粉末（孢子）和菌絲組成，也具備相當驚人的策略，能夠以非常繁複的方式操控其寄生對象。

■ 【小故事】殭屍昆蟲有益健康？

　　像這種能夠寄生、操控昆蟲行動的黴菌其實是非常稀少的。不過，其實還是有其他會從昆蟲頭部扭動身子冒出子實體的特殊案例。

　　那就是「冬蟲夏草」。所謂冬蟲夏草，自古以來便被認為是可以強壯身體、增強精力、恢復疲勞、治療百病、使人長生不老的高級藥材，在中國的宮廷當中也一直非常受到重視。

　　其實冬蟲夏草就是昆蟲與菌種的結合體，也就是寄生在蟬或蜘蛛等昆蟲身上的黴菌總稱。這些昆蟲也是受到黴菌寄生，黴菌在昆蟲死後發芽，金箍棒狀的子實體從昆蟲頭部長了出來，就成了冬蟲夏草。

　　在冬蟲夏草這種藥材當中，最有名的就是黴菌寄生在蝙蛾科幼蟲身上，被稱為中華冬蟲夏草（學名：*Cordyceps sinensis*）的品種。

● 高級中藥——殭屍昆蟲製作步驟

　　由於牠們在冬天的時候是一條蟲，到了夏天則化為一株草（菇類＝黴菌），這樣奇妙的現象讓牠們被命名為冬蟲夏草。

　　接下來我們就來看看冬蟲夏草是如何形成的。

　　夏天的時候，昆蟲自卵中孵化成長為幼蟲，並潛伏於土壤之中。潛伏在土壤中的幼蟲，會攝取植物根部的養分成長。這個時候，牠們就有可能感染到土壤中的「冬蟲夏草」黴菌。

　　黴菌侵入活生生的昆蟲體內，在昆蟲體內吸取牠們的養分，同時擴散到昆蟲全身。身體裡的養分都被黴菌吸收走，昆蟲本身會產生危機感，因此拼死想要爬上地面。但是在牠們爬出土壤以前，就已經被黴菌害死了。

　　黴菌會在死於土壤當中的昆蟲體內繼續吸收屍體的養分成長。這個時候，被寄生的昆蟲外型會維持原先昆蟲的形狀，但內部已被黴菌啃蝕殆盡，造就外觀看起來是昆蟲，但內部卻都是黴菌，完全就是殭屍的狀態，這個樣子就稱為「冬蟲」。

　　等到冬季過去、時節進入夏天，這個化為殭屍的昆蟲頭部就會開始發芽，那小小的頭部（菌類子實體）會伸出地表，沒過多久就扭動著長成棒狀子實體，就被稱為「夏草」，「冬蟲夏草」便完成了。

　　目前這些能夠感染昆蟲的黴菌生態還有許多謎題。不過已經知道的是，黴菌與其宿主的昆蟲種類組合，幾乎都是固定的。

你的身心都屬於我

【一隻小繭蜂的故事】

你看見我在哪兒了嗎?

哎呀,你們人類的身體這麼大,要是不聚精會神地看,恐怕是看不見我的吧?畢竟我就算長大為成蟲、能夠產卵了,也才只有幾公厘大呢!

好啦,我在這兒。

唉呀不對啦!別把我跟旁邊的小蒼蠅當成一樣的東西啊!你真是太沒禮貌了。就算我這麼小,也有著很特別的名字呢!

雖然那也是你們人類自己給我取的名字啦!

不過因為那名字很特別,聽起來似乎有些恐怖,我倒是挺喜歡的。

你想知道我的名字嗎?

要我告訴你也行啦!我就叫做「巫毒蜂(巫毒教的黃蜂)」。

很棒吧?

當然,我畢竟只是一隻蜂類,不可能信仰你們人類世界的「巫毒教」。

這個名字的意思是,我是能夠達成與巫毒教巫術造出殭屍一樣效果的蜂類。

因為這種行為與巫術實在過於相似,所以令人感到害怕。

咦?你連巫毒教是什麼都不知道?

我也不是很清楚啦！但聽說是西非地區的一種民間信仰。據說巫毒教當中有一種能讓屍體復活成為殭屍的祕密儀式。

原來人類也能夠做出這種了不起的事情呢！

不過啊，這種事情我們老早就會了，而且我們的方法更加激烈呢！

我們能讓瀕死的生物復活成為凶暴的殭屍，而且還能操控那隻凶暴的殭屍！

你想看？唉唷，你的興趣好低級喔！

不過……也行啦！正好我的肚子也夠大，差不多該去產卵了。

噢，找到了，就是那個！就挑那片葉子上的毛毛蟲吧！

雖然牠的身體比我大上幾十倍，不過那傢伙動作遲緩，沒問題的。大概只需要幾分鐘，我就能把肚子裡的卵都產在牠的身上。

沒問題、沒問題，卵大概有 80 個左右，輕輕鬆鬆就生完了。我現在要飛過去，把卵產在那隻毛毛蟲的身上，你就在這兒看好囉！

如何？我行動夠迅速吧？牠的動作不可能跟得上如此敏捷的我。

接下來你就懂了吧？我的孩子們會進入毛毛蟲的身體，吃牠的肉讓自己長大。

不，不會讓毛毛蟲死掉的。

那些孩子們知道該吃哪兒，才能盡可能讓毛毛蟲活下去。

噓！要出來囉！

你看看我那長大的孩子們。這個大小已經可以化成蛹了呢！

沒錯。我非常感謝提供新鮮生肉給那些孩子、幫我養育牠們長大的毛毛蟲。

但是那條毛毛蟲還有一件工作要做。要是牠現在就死了，我也很傷腦筋。

因為我那些孩子們從牠的身體出來之後，不就毫無防備了嗎？而且牠們都化成蛹了，會有很長一段時間動彈不得。這樣很容易成為其他蟲子的獵物。

所以我得讓那隻毛毛蟲再多活一些時間，好好為我工作！

噢，出現了！你看，有蟲子正打算獵捕我那些化為蛹的孩子們而爬上那草兒。

哈哈哈，沒錯！就是這樣！

毛毛蟲正在用力晃動著身軀，努力把敵人趕走。很難想像吧！那可是原先溫和又動作遲緩的毛毛蟲唷！

而且牠的身體裡頭，幾乎都被我的孩子給啃食殆盡了呢！

其實啊，在我的孩子進入牠的身體後，牠的個性就已經變得凶暴了。

接下來在我的孩子們從蛹羽化為成蟲以前，毛毛蟲都會好好地保護牠們，我終於可以安下心來了。

這就是我們被稱為巫毒蜂的理由，你懂了嗎？

那麼再會囉～！

讓屍體復活的小繭蜂
心靈及身體都遭受操控的
毛毛蟲臨終吶喊

殭屍毛毛蟲

這次現身的，是小繭蜂科當中一種俗稱為巫毒蜂的蜂類。

小繭蜂科是屬於膜翅目下的分科，為體長只有幾公厘的小小寄生蜂。小繭蜂科的蜂類在全世界約有五千多種，光是日本就有三百多種。小繭蜂科的所有蜂類，全都是會寄生在其他昆蟲身上的寄生蜂。但是，像巫毒蜂這樣能夠讓宿主化為殭屍、還能夠操控對方的寄生蜂，是非常獨特的。

▪ 讓人以殭屍姿態甦醒的祕術：巫毒教

巫毒教是西非的貝南共和國、加勒比海上的島國海地與美國南部紐奧良等地的一種民間信仰。據說巫毒教具有能夠讓屍體以殭屍姿態甦醒的祕密技術。

不過若要問怎麼打造殭屍，首先是巫毒教的祭司需要讓罪人「不自然的死亡」。也就是說，如果想讓人類變成殭屍，首先必須「殺死」他。

　　祭司會先餵予要殭屍化對象一種咒術用的粉末（殭屍粉）。等到對方進入假死狀態後，會先將他下葬，之後再挖出來，等待他甦醒。

　　後續有研究指出，從那些成為殭屍假死狀態的人體內發現了「河豚毒素」。所謂河豚毒素就是四齒魨科的魚類（也就是俗稱的河豚）內臟含有的毒物。這種拿來製作殭屍粉的毒素能夠麻痺神經，如果攝取量達到某個程度，就能夠打造出連醫生都會被騙過的假死狀態。

　　當對方從殭屍粉造成的假死狀態中甦醒後，祭司就會再餵予他能夠產生幻覺的曼陀羅葉片。由河豚神經毒素造成假死狀態甦醒的人，其心神很容易受到控制，只會聽從他人告知的命令，因此在周遭的人眼中，就好像是被人操控的殭屍一般。

　　這裡我說明的非常簡單，如果有興趣知道詳細內容的話，可以閱讀由實地前往海地拜訪的哈佛大學民族植物學者兼文化人類學專家韋德・戴維斯 (Wade Davis, 1953 ～) 所著的書──《殭屍傳說：挑戰海地殭屍之謎》(*The Serpent and the Rainbow*)，在本書中詳細說明了巫毒教與殭屍傳說的謎題，還請務必一閱。

● 巫毒蜂將卵產在毛毛蟲體內

　　讓我們把話題拉回巫毒蜂吧！巫毒蜂會將卵產在一種名為尺蛾的蛾類幼蟲（毛毛蟲）體內，一隻毛毛蟲身上大約會附著 80 個卵。

　　有很多寄生蜂會將卵產在毛毛蟲身上。不過一般的寄生蜂幼蟲在毛毛蟲體內孵化以後，就會一直啃食新鮮的內臟，等到寄生蜂的幼蟲化為蛹時，毛毛蟲就已經死亡。但是巫毒蜂的幼蟲就算啃食毛毛蟲，也會調整啃食的部位，讓毛毛蟲維持在半死不活的狀態。這是因為牠們除了吃肉以外，還打算讓毛毛蟲派上其他用場。

　　巫毒蜂的幼蟲為了要化成蛹，會突破毛毛蟲的身體，扭動身軀鑽出到外頭。此時，雖然毛毛蟲的內部已經幾乎被啃食殆盡，而且身體還被開了一堆洞，但牠仍然活著。

　　巫毒蜂的幼蟲們在爬出毛毛蟲身體沒多久以後，會就近化成一個蛹，但此時的牠們就毫無防備了。

即使化為殭屍也要保護蜂蛹

　　毛毛蟲體內被產下大量的卵、還被啃蝕殆盡、身上又被開了許多洞，任誰都會覺得牠也該死了吧？但是，被寄生的毛毛蟲不知為何就是沒死透。牠的樣子簡直就像是殭屍。

　　不過這些毛毛蟲並不會像電影當中的殭屍那樣發出詭異的聲音、或者一直扭來扭去的移動。令人感到最驚訝的，就是牠們會盡全力保護那些將自己啃食殆盡的巫毒蜂之蛹。在化為蛹的這段期間，昆蟲完全無法自行移動，是牠們最沒有防備能力的時期。因此，會有其他昆蟲試圖吃掉這些蛹。而殭屍毛毛蟲即使身體當中已經空蕩蕩，但只要有昆蟲試圖靠近巫毒蜂的蛹、打牠們的主意，毛毛蟲就會強烈搖晃身體，趕跑那些昆蟲。

　　當然，這種行為只發生在被巫毒蜂寄生的毛毛蟲身上。沒有被寄生的毛毛蟲一如往常的溫和，就算是其他昆蟲靠過來，也還是愣愣待在原地，並沒有想趕走其他昆蟲的樣子。就只有被寄生且位在巫毒蜂蛹附近的毛毛蟲，會出現這種攻擊性姿態。

　　毛毛蟲將自己的血肉提供給巫毒蜂，還在牠們從蛹羽化為成蟲的這段時間拼死保護牠們。等到巫毒蜂終於成為獨當一面的成蟲以後，毛毛蟲的工作才算結束，得以嚥下最後一口氣。

操控毛毛蟲方法的可能性

關於牠們是如何操控毛毛蟲的行動這點，詳細機制我們還不是很清楚，不過已經有研究稍微找到一些蛛絲馬跡。

解剖那些守護巫毒蜂而化為殭屍的毛毛蟲，會發現牠的體內還留有幾隻巫毒蜂的幼蟲兄弟姐妹。目前推測，很可能是這些留在毛毛蟲身體當中的兄弟姐妹們，用了什麼方法控制毛毛蟲的行動。

不管是體內、體外，甚至是卵都能寄生的蜂類們

世界上有許多過著寄生生活的蜂類。有些蜂類會寄生在植物上、也有些蜂類是寄生在動物身上。另外，寄生在動物宿主體外的蜂類稱為「外部寄生者」；寄生在動物宿主體內的稱為「內部寄生者」；而寄生在卵當中的就被分類為「卵寄生者」。

這三種寄生方式當中，以「外部寄生」最為簡單。首先，母蜂會將卵產在宿主——也就是昆蟲的幼蟲或者蛹的身體外側。如此一來，寄生蜂的卵孵化為幼蟲後，就會從宿主的身體外側開始啃咬、注入消化液，慢慢融解宿主的身體組織，從外側吸取營養。這就與蚊子或蜱蟎吸取我們人類的血液或者體液維生有點相似。

「內部寄生」則是母蜂將卵產在昆蟲的幼蟲或蛹等宿主的體內，而孵化後的寄生蜂幼蟲就會在宿主體內生活。這種方式當中，有些幼蟲成熟以後會突破宿主的體表；但也有些會在宿主體內化為蛹。

內部寄生其實是執行起來最為困難的寄生方式。這是由於寄生蜂的卵這類異物進入宿主身體以後，很可能會遭到宿主的免疫系統排除。昆蟲的體液當中也有像是我們人類白血球那樣的免疫細胞。這些

血球會包圍入侵者，形成囊泡之後殺死對方。那麼為什麼還是有寄生蜂能夠進行內部寄生呢？這是由於那些寄生蜂在演化的過程當中，已經能夠成功抑制宿主昆蟲的免疫血球。因此，通常內部寄生者只能夠寄生在某種特定宿主體內，而無法寄生在其他種類的昆蟲身上。

最後一種「卵寄生」方式相對而言較為簡單，這是因為昆蟲的卵與幼蟲或蛹相比，尚未分化出血球來，所以較不易引起宿主的免疫系統反應。

好友的變化

【一隻螃蟹的故事】

究竟是何時開始，我就覺得好朋友怪怪的呢？

我們自幼有記憶起，就一同在海裡游泳、一起在海邊玩耍。每次脫皮之後，我們的身體都會大上一圈，因此會互相比較，看誰的螯比較大。自從能夠開始用螯以後，我們還經常較量起誰的螯比較強悍。

雖然每次我都覺得，下次脫皮之後我一定能變得比那傢伙更強壯！但那傢伙總是比我強悍，我老是輸給牠。

我每次都覺得好懊悔。但是有這樣的對手，我也覺得很開心，我們就像是兄弟一樣。

若是在互相較量時，有可愛的母螃蟹經過，我們都會忍不住看過去。
「剛才那位很可愛呢！」
「不，我比較喜歡一小時前經過的那位。」
「哇！你的眼光好差。」
「你才是啦！」
我們經常這樣互相嘻笑打鬧。
那個時候，我以為如此和平的日子會一直持續下去。

那究竟是何時開始發生的呢？我想，應該就在幾星期前吧！
那傢伙明明脫了皮，但是螯和身體都沒有變大。
「我終於還是輸給你了呢……」
我第一次看見牠懊悔的樣子，卻沒辦法開心起來。
應該說，我覺得牠讓我有一種奇妙的異常與不安感。

之後我愈發地不安。

那傢伙每次脫皮都應該要變得更大一些的螯，不但沒有變大，還縮小到像是母螃蟹的螯一樣。

不僅如此，就連牠的肚子也變得像是母螃蟹那樣又大又寬。

而且，我們原先每天都會較量彼此的螯，但現在不管我怎麼邀牠玩耍，那傢伙都只會說「下次吧」、「我現在沒心情」之類的，就像是母螃蟹會說的話，根本不把我放在眼裡。

我愈來愈不懂那傢伙了！好朋友就像變了個人似的。
後來我們也幾乎沒再見面了。

剛才我在海裡看見了許久不見的牠。這麼久不見，那傢伙已經完全變成像是隻母螃蟹的樣子。

不僅如此，最令我驚訝的是，牠的肚子那裡還抱著一堆卵。

不對，那應該不是卵。

雖然牠的肚子上有像是卵的東西，可是那和我們這個族群的卵似乎不太一樣。

但那傢伙卻非常珍愛地保護著自己肚子上的「那個東西」。那傢伙已經完全變了個樣子，就算見到我也毫無反應。

那傢伙已經不是從前的牠了。
我只能努力說服自己接受這件事情，然後默默離開那裡。

蟹奴的樹狀器官
布滿全身

奴隸化的螃蟹那令人深感諷刺的生涯

蟹奴與
母體化的螃蟹

讓好朋友螃蟹從男孩變成女孩，甚至懷抱著奇妙卵團的寄生者就是「蟹奴」。蟹奴屬的生物是一種居住在海洋裡的藤壺，會寄生在螃蟹、蝦子、蝦蛄、寄居蟹等節肢動物身上。我們能夠見到的蟹奴，是一種名為雲母蟹奴的種類，通常寄生在經常往來於海岸的肉球近方蟹、粗腿厚紋蟹、平背蜞身上。

蟹奴和昆蟲或者螃蟹一樣，都是節肢動物門的生物。節肢動物的特徵就是身體具有明顯的關節或者肢體，但是蟹奴的這些部分均已經退化了。因此，就算牠們長大以後，看起來也還是不像節肢動物。

雲母蟹奴就像本書插圖上畫的一樣，看起來就像是螃蟹腹部的螃蟹卵。但是這看起來像是螃蟹卵的東西，卻是蟹奴身體的一部分。這個部分就是蟹奴的生殖器官，裡面都是卵巢和卵。

蟹奴的卵巢

那麼，蟹奴真正的身體究竟在哪裡呢？其實蟹奴真正的身體，就在螃蟹的身體裡。蟹奴就像是植物的根部一樣，將身體組織遍布在螃蟹的體內。而這些像是植物根部的組織，會從螃蟹的身體奪取養分。如此一來，蟹奴就能夠從宿主體內獲得養分，還能讓宿主抱著自己的卵活下去。

蟹奴與螃蟹的相遇

那麼，這次這隻不幸的螃蟹，究竟是在何時被蟹奴奪走身心的呢？首先讓我們回顧一下蟹奴與螃蟹的相遇。

母蟹奴自卵中孵化以後，就會像浮游生物一樣在海中飄盪。稍微長大一點後，牠們就會侵入螃蟹體內。但是螃蟹的身體有非常堅硬的外殼保護，那麼，蟹奴究竟是如何侵入螃蟹身體內部的呢？首先，蟹奴會附著在螃蟹體表的體毛根部，接著牠們會伸出像針一樣的器官，從體毛根部的縫隙之間倏地進入螃蟹的體內。

侵入螃蟹體內的蟹奴，會像植物在大地生根那樣，慢慢地將牠纖細的樹狀器官延伸到螃蟹的全身，然後從那些組織吸取螃蟹體內的養分。等到蟹奴成長到夠大、具備生殖能力之後，就會突破螃蟹的體表，讓自己的生殖器官露在螃蟹的腹部之外。

露在螃蟹腹部外的蟹奴可說是毫無防備。畢竟是從腹部跑出來的寄生者，很有可能會被螃蟹用螯給切除，但這種事情卻不會發生。這是由於蟹奴操控了螃蟹的神經系統，讓牠們誤以為是抱著自己的卵。

調查遭到蟹奴寄生的肉球近方蟹體內神經系統，會發現胸部神經節確實已遭到蟹奴侵蝕。該處原本應該是螃蟹自己的神經分泌細胞，但受寄生的螃蟹有些是部分細胞消失，也有些是完全失去那些細胞。

就算是公螃蟹，也能讓牠抱著卵

　　蟹奴不管對方是公螃蟹還是母螃蟹，一律都能夠寄生。由於公螃蟹並不會產卵，因此原先應該沒有保護卵的習性。但是，被蟹奴寄生的公螃蟹，卻會非常不可思議地愈來愈像母螃蟹的樣子。被蟹奴寄生的公螃蟹，每次脫皮後的螯都會愈來愈小，腹部也會和母螃蟹一樣逐漸地變大。

　　之後，原先是雄性的螃蟹，會變得像是位母親珍惜自己的卵似地，懷抱著蟹奴的卵。這些被寄生的公螃蟹不僅會好好照顧蟹奴的孩子，等到蟹奴的卵孵化以後，也會將這些個體灑到海裡，就像是母螃蟹將孵化後的孩子送到大海裡一樣。而這些被蟹奴寄生的螃蟹將會喪失自己原先的生殖能力。

　　也就是說，被蟹奴寄生的螃蟹無法留下自己的子孫，活著就只是為了把自己身上的營養送給蟹奴、保護牠們的卵，還要將孵化後的蟹奴卵送到大海裡，一輩子就像是個奴隸一樣。

　　畢竟身上的養分都被搶走，還被強迫過著奴隸般的生活，總覺得被蟹奴寄生的螃蟹，似乎會變得非常短命。事實上，因為牠們的繁殖能力被剝奪，體內的能量不會被消耗在繁殖活動上，因此這些螃蟹反而能夠活得更久。但也正因如此，導致牠們會有更漫長的時間養育蟹奴的孩子，這真是令人感到非常諷刺。

沒有存在感的公蟹奴

　　當初發現蟹奴這種生物的時候，科學家們還以為牠是雌雄同體。為何研究者會如此認為呢？這是由於解剖蟹奴之後，發現巨大的卵巢

下方，有個充滿精子的組織。但是後來研究發現，那個原先以為只是精巢的組織，其實就是公的蟹奴個體。

　　基本上露在螃蟹腹部之外那個像是袋子的部分，幾乎都是母蟹奴的卵巢，而公蟹奴就待在那個露出來的袋子一角。而且當宿主螃蟹脫皮、或者是蟹奴的卵孵化以後，這個袋子也會一起從螃蟹身上脫離。也就是說，螃蟹每次脫皮，在袋子裡的公蟹奴都會直接被拋棄在海裡。當然，母蟹奴本身因為是直接侵入螃蟹體內，因此只是脫皮的話是不可能擺脫牠的。

　　受寄生的螃蟹一旦脫皮之後，就會使得母蟹奴的生殖器官再次暴露到螃蟹身體外側。但是新的袋子裡面並沒有公蟹奴，因此母蟹奴得要找到新的老公進到袋子裡才行。

　　這個時候，身心都被蟹奴占據的宿主螃蟹，也會拼了命的到處呼喚公蟹奴前來自己身邊。被操控的螃蟹會頻繁挪動自己的腹部，試著讓自己腹部外側的袋子（也就是母蟹奴的卵巢）能夠撈到公蟹奴。

　　因此被母蟹奴寄生的螃蟹，不管脫了幾次皮、換了幾次殼，都無法擺脫蟹奴。而這些可憐的螃蟹由於荷爾蒙和腦部都受到操控，就算原先是公的也會逐漸雌性化，最終一輩子都在保護蟹奴的卵。

　　話說回來，由於人類的好奇心有如黑洞一般深不可測，因此也有人曾試圖品嘗這個有點噁心的寄生者。有個人煮了寄生在日本絨螯蟹身上的蟹奴來吃；還有另外一個人用平底鍋炒寄生在穴蝦蛄身上的蟹奴來品味。結果感想都是差不多的：「不難吃！但也稱不上是好吃啦。」

附著在螃蟹甲殼上的黑色顆粒狀寄生者

除了蟹奴以外，還有其他會寄生在螃蟹身上的生物。其中，我們特別常見的螃蟹寄生者，應該就是「蟹蛭」了吧！有時候買了整隻的螃蟹，會發現蟹殼上有大概 5 公厘左右的黑色圓點，這就是名為蟹蛭的寄生者。

蟹蛭正如其名，是一種附著在螃蟹身上、很像水蛭的寄生蟲。蟹蛭是外部寄生生物，牠們並非寄生在螃蟹身體內部，只是讓卵附著在螃蟹殼上。蟹蛭平常都生活在柔軟的泥土當中，且通常會在堅固的岩石等處產卵。

除了岩石以外，牠們的習性就是只要為堅固的東西，都可以在上面產卵，因此也會產卵在松葉蟹這類的甲殼類、又或者是貝類的殼上。另外，蟹蛭若是將卵產在蟹殼上，就可以乘著蟹殼移動到各式各樣的地方，這樣也具有擴散生活範圍的效果。也因為蟹蛭只是將卵產在松葉蟹的蟹殼上，並不會寄生到松葉蟹的體內，因此對於螃蟹來說是無害的寄生者。

永遠在一起

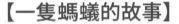

【一隻螞蟻的故事】

我是在這棵相思樹上出生的，一直以來都與這棵樹一起成長。

相思樹對我們相思樹蟻來說是出生的故鄉、是避風港、也是最棒的歸宿，它永遠都會提供我們豐富的蜜露，就像是母親一樣。

相思樹還會為我們在各處準備安全又溫暖的洞穴，好讓我們居住。
它總是從葉片或樹莖分泌出大量甘甜又營養豐富的蜜露提供給我們。
因此，若是有什麼傢伙膽敢來傷害相思樹，我們就會把牠趕跑。

我們從好久好久以前，就一直和相思樹生活在一起，因此人類將我們稱為「相思樹蟻」。

我們的相思樹可是非常厲害的唷！
它就像是有刺的鐵絲一樣，所有樹枝都從四面八方伸出 3 公分長的尖刺。
我想，發明了有刺鐵絲的人類，肯定是模仿相思樹才做得出來那種東西吧，不過這只是我的猜想啦！
總之我們的相思樹，有這樣厲害的構造用來抵抗動物侵襲，就算動物們想要啃食相思樹的葉片，也會被尖刺阻擋而無法享用。

但是像我們這樣小小的昆蟲由於身體小巧，並不會被那麼大的刺傷害。因此我們可以輕鬆爬上相思樹，大口享用美味的葉片及蜜露。

為了要保護相思樹、避免有不速之客來訪，我們經常派員到處巡邏。如果發現了入侵者，就會馬上攻擊對方、趕走牠。

當然，有些入侵者大到我們實在無法單槍匹馬應付。這種時候大家就會同心協力吐出毒液、使用我們屁股上的毒針猛刺，一起擊退對方。

入侵者可不是只有蟲子。實際上植物也會入侵呢！
植物若是纏繞在相思樹身上，就會爭奪陽光，害得相思樹的光照被剝奪，這樣會使它的身體變得很虛弱。
因此若是有植物的藤蔓捲附到相思樹身上，我們也會馬上切斷它、讓相思樹不會被迫待在影子之下。

我們一直非常滿意這樣的生活。
但是有一天，我實在很想嘗嘗別種樹木的蜜露，所以從樹上來到地面，前往附近其他樹木有樹液的地方。

那樹液聞起來真的很香，看上去也是閃閃發光、非常美味的樣子，因此我拼了命地一直舔。
果然味道就和看起來的一樣可口，實在是棒透了！

但是沒過多久，我的肚子就猛烈地痛了起來。
剛剛才吞下肚的樹液，經過一陣上吐下瀉後全部被排出了。
我這難得想出軌一下的心情，也就此蕩然無存。
畢竟我可不想再經歷一次那種痛苦。
因此我還是乖乖享用我們相思樹的蜜露、保護它，好好的過生活。

讓相思樹蟻依賴成癮
的相思樹可怕生態
體質轉為無法享用其他花蜜的
螞蟻們最終命運

相思樹蟻

▪ 相思樹提供給螞蟻的服務

　　某個種類的相思樹會有與螞蟻共生的行為，這是自然界中，兩者一起過活而彼此皆獲益的「互利共生」範例。

　　牛角相思樹（以下簡稱相思樹）是豆科的植物。為了避免自己被大型動物吃掉，因此樹枝上布滿長達 3 公分的堅硬銳利尖刺。托這些尖刺的福，它們可以避免自己被哺乳類等動物吞下肚，但是對於蟲子這類小型生物來說，這樣的尖刺毫無作用。因此相思樹就與相思樹蟻（以下簡稱螞蟻）結成同盟，請螞蟻來當它的保鑣。

一定要相思樹
的樹蜜才讚啦！

嗝～

首先，相思樹會提供螞蟻們居住的空間。它們會在自己的尖刺根部開好許多空洞，大小對於螞蟻來說非常舒適。有了這些洞穴，蟻后就會來到此處住下，在生下許多工蟻之後，就形成了螞蟻的聚落。另外，相思樹也會提供食物給螞蟻們。相思樹的葉片及樹莖上有名為花外蜜腺的器官，能夠提供香甜又富含礦物質的蜜露給螞蟻們。

螞蟻提供給相思樹的服務

有了住處與食物的螞蟻們便會忠實地執行保護相思樹的工作。

牠們為了及早發現接近相思樹的蟲子，會經常在樹的各處巡邏。一旦發現有其他蟲子就會馬上攻擊、驅趕對方。針對那些體格比螞蟻大的敵人，工蟻們會聚集在一起進行團體攻擊，將毒液吐在對方身上、或者是用屁股上的毒針猛刺。

另外，螞蟻除了保護相思樹不受其他昆蟲攻擊以外，也會保護它不受其他植物騷擾。若是有其他植物的藤蔓捲到了相思樹上，牠們就會切斷那些藤蔓；甚至是周遭的植物如果成長到會擋住相思樹的陽光，牠們也會驅除那些植物。

螞蟻經常性地執行這些保護相思樹的工作，相思樹才得以健康生長。因此，若是將相思樹上的螞蟻驅除，那棵相思樹將不再繼續成長，且通常一年內就會枯死。

相思樹讓螞蟻有了蜜癮而無法離開自己

相思樹提供螞蟻居所、給牠們香甜蜜露，而螞蟻會保護相思樹，這樣的關係乍看之下是雙方都獲利，因此先前研究者一直認為這是一種「互利共生」。

　　但在 2005 年時，墨西哥的研究團隊卻發現，牠們之間的關係並非如此。其實相思樹是讓螞蟻產生依賴性之後便無法離開自己了，因此可說是相思樹操控了螞蟻的行為。

　　一般螞蟻作為食物享用的其他樹種樹液當中均含有大量蔗糖等的醣類成分。要消化分解這些醣類，就必須要有「轉化酶」這種酵素。因此，幾乎所有種類的螞蟻體內都有轉化酶。

　　但是，住在相思樹上的螞蟻，牠們體內的轉化酶卻已經失去了活性，因此變得無法消化一般含有蔗糖的樹液。

　　然而，這些螞蟻雖然無法消化一般含有蔗糖的樹液，但是牠們卻能夠消化相思樹所提供的香甜蜜露。這是由於相思樹所提供的蜜露，原本的成分當中就含有轉化酶，因此這些螞蟻雖然體內不含有該種酵素，卻依然能夠消化吸收。如此一來，這些螞蟻就只能夠攝取相思樹提供的蜜露，而其他食物都無法吞下肚，只好過著依賴相思樹蜜露的生活。

　　而且，雖然住在相思樹上的螞蟻成蟲體內確實沒有消化用的酵素，但在牠們幼蟲時代其實並不是這樣的。這個部分正是相思樹所使用的潛藏利己戰略。

　　在螞蟻的幼蟲時代，牠們體內用來消化一般食物的轉化酶是能夠正常運作的。但是在長為成蟲以後，這些酵素卻失去了活性。牠們究竟是在何時失去如此重要的酵素呢？

　　正是牠們第一次吞下相思樹蜜露的時候。根據該研究團隊詳細調查的結果發現，相思樹的蜜露當中含有一種叫做「殼糖酶」的酵素，這種酵素會阻礙螞蟻體內的轉化酶作用。

　　螞蟻自蛹中羽化後，第一口飲用的正是相思樹的蜜露。但正因為這一口，螞蟻就再也無法離開相思樹了。相思樹的蜜露就像是毒藥一般在螞蟻的體內循環，阻礙螞蟻原先用來消化蔗糖的酵素產生作用。

　　如此一來，牠們在幼蟲時代還能好好運作、用來分解醣類的轉化酶便失去了活性，而且一輩子都無法恢復了。這樣的結果就是，牠們的身體再也無法消化相思樹蜜露以外的食物。

　　先前從未發現有哪種酵素會阻礙其他酵素的作用，因此研究者認為，可能還有其他我們還不明白的機制也能夠產生這樣的反應。目前該主題的研究仍然在持續中。

　　類似這種相思樹具備特殊結構，能夠使螞蟻常態性生活在自己身上的植物，被稱為「螞蟻共生植物」，目前在全世界已經發現大約 500 種左右。這些植物原先幾乎都被認為是螞蟻與植物雙方獲利的「互利共生」，但是在看到相思樹的例子之後，若是深入研究，很可能會發現這些共生關係，也都潛藏著如相思樹與螞蟻一般的特殊依賴關係。

武士蟻

武士蟻的女王會單槍匹馬
進入山蟻的巢穴挑戰

在女王對決中獲勝的武士蟻女王會
將對方的體液及體蠟抹在身上，
成為山蟻的女王

被欺騙的山蟻們會養育武士蟻女王
產下的卵，咀嚼食物來餵食牠們

如果山蟻數量不足，就會攻擊其他山蟻的巢穴
誘拐別人的幼蟲和蛹（獵奴隸）

長大後的山蟻們
會一輩子照顧武士蟻……

盜國之戰

【一隻武士蟻的故事】

　　我可是位有著正統出身的公主唷!

　　日本人把我們這個種族稱為「武士蟻」。至於我們名字的由來,我想你只要聽過我的生平,應該就能明白道理何在了。

　　我出生的家境良好,什麼事情都不需要我自己動手。不管是身邊大小事還是食物,僕人們都會為我準備。

　　我連吃東西都不用自己咬呢!畢竟咀嚼食物的話嘴巴會很累,這種事情交給僕人做就行了。我只需要等著他們把食物都咬碎之後,放進我的嘴裡就好。

　　也就是說,我一整天什麼事情都不用做。

　　也許有人會羨慕我們這種王公貴族的生活,但就算身為王族,也是有必須拼上性命去做的事情,那就是「戰鬥」。

　　而且我們的戰鬥方式,必須無愧於我們「武士」之名才行。

　　你問我什麼時候需要戰鬥?這個嘛……以我來說,就是現在了吧!我已經長大、肚子裡也有寶寶了,所以得要從「公主」成為「女王」了。

　　既然要成為女王,就得要擁有自己的國家才行。所以我現在要出發去找自己治理的國家囉!

　　哎呀,那個看起來還不錯呢!

　　那是由「黑山蟻」女王統治的國家。工蟻數量很多,第一次當女王的話,這裡應該頗為適合。

你問我怎麼不打造自己的國家？

別傻了，我幹嘛要做那種麻煩事？

從零開始打造國家，那在國家完成之後，我就成了老太婆啦！

我們「武士蟻」的公主們，一定都是占領已經非常宏偉的王國。這種方式快得多了。

而且我不能帶任何部下去作戰，必須自己戰鬥。

我必須獨自潛入敵營，這真的是要拼上性命呢！不過別擔心，我可是有著像是巨大鐮刀一般尖銳又強韌的大顎。

好啦，該上路了！

要占領其他國家，最快的方式還是殺掉那個國家的領袖……也就是牠們的女王！女王應該被藏匿在最深處、非常安全的房間裡。

走吧！

這個國家的螞蟻們還真是忠心耿耿啊！牠們拼了命地要阻擋我接近女王的房間。但是非常遺憾，我的身體龐大多了，而且牠們根本敵不過我這大顎的力量。

話說回來，不管怎麼踹，牠們還是一直撲上來，真是沒完沒了。

我可不能把體力都拿來跟你們耗，得趕快找到女王才行。

來到巢穴深處，螞蟻終於減少了。女王一定就在這個房間裡吧！

終於找到妳了！噢，妳就是這個國家的女王啊？

果然和工蟻們的氣質不同，身體也比較壯呢！

但是妳贏不了我的。妳也同樣抵擋不了我這強大的顎。

哎呀好痛！居然敢咬我！但妳抵抗也是沒用的。

我和妳個人無怨無仇，但很遺憾，還是得請妳交出性命。

噢，終於取下女王的首級了！牠還真是挺強悍的。

雖然我也累了，但在走出女王房間之前，還有件事得處理完才行。

我得把前女王的體液和牠身體表面的體蠟都塗到我自己身上才行。這樣才能讓這個國家的螞蟻們，以為我是牠們的女王。

前女王的體液和我自己的氣味不同、有點臭臭的，但這是為了奪取她的國家，我得忍忍才行。

這樣就好了！我應該可以走出房間了。

呵呵，剛才還拼命攻擊啃咬、想殺了我的工蟻們，現在已經把我當成女王了呢！

從今以後你們就是我的僕人。

哎呀，心情真是舒爽。

這樣一來就能安心產下我肚子裡的寶寶們了。

這個國家的僕人會打理我的一切、照顧我的孩子們。如此我便能夠恢復到那茶來伸手、飯來張口的生活了。

泯滅人性的盜國物語

殺害他國女王、
將其家臣當作奴隸的伎倆

武士蟻

　　螞蟻的社會與人類世界有些相似，大多數的螞蟻都有牠們自己該
做的工作。一般來說，螞蟻長大成蟲以後，就會分化為「蟻后」、
「工蟻」、「兵蟻」和「雄蟻」。

　　這些螞蟻當中，能夠產卵的只有蟻后。蟻后和雄蟻交尾以後，就
會單獨打造巢穴並且開始產卵，這時孵化的孩子們就會成為工蟻。之
後女王會繼續生下孩子，而第一批被生下來且長大的工蟻就負責照顧
後來的孩子。如此一來，蟻群就會愈來愈壯大。

　　蟻后平常只會生下雌蟻，而這些雌蟻就會成為工蟻及兵蟻。工蟻
正如其名，是負責工作的。工蟻的工作包含照料女王、照顧卵及幼
蟲、在外面找食物、搬運食物、儲存食物、打掃巢穴等，包羅萬象。

● 有如武士一般的螞蟻——「武士蟻」

「武士蟻」這種螞蟻，和一般的社會性螞蟻不太一樣。從牠們的名字便可以得知，牠們已經演化成會像武士一樣戰鬥，完全不做生活相關的雜事。

日本全國除了沖繩以外的地方都有武士蟻，牠們的體長大約 5 公厘左右，全身皆是黑褐色的，看起來就像是一般的螞蟻，但是戰鬥時需要的武器——顎的形狀卻和其他螞蟻不同。與其他螞蟻相比，武士蟻有著發達如鐮刀的長型大顎。

武士蟻是不工作的。那麼，該由誰來收集食物、照料幼蟲及女王的生活、打掃巢穴呢？這些與生活相關的所有雜事，牠們一律交給其他種類的螞蟻去做。武士蟻會欺騙其他螞蟻，讓牠們像僕人一般工作、照料自己的生活。

像這樣並非寄生在宿主體內直接獲得營養，而是將宿主保有的食物作為自己的食物、或者讓宿主進行勞動的寄生行為，我們稱為「勞動寄生」。

● 蟻后單槍匹馬闖入其他蟻巢

能夠和蟻后交尾的雄蟻具有翅膀，因此交尾季節來臨的時候，牠們就會離開巢穴、開始尋找自己交尾的對象。一隻蟻后一輩子就只在這個時期進行一次交尾。雖然蟻后的壽命約 10 ～ 20 年，但是牠們能夠將結婚飛行時，從雄蟻獲得的精子儲存在體內，藉此持續產卵。

交尾完的武士蟻新蟻后就得開始生孩子才行。以一般的螞蟻來說，所生的第一批孩子會成為工蟻，開始照料女王和其他孩子們的生

活。但是武士蟻蟻后的孩子卻不會成為工蟻，因此無法幫忙打理生活以及照顧孩子。

於是新的女王得找到其他能夠照顧自己孩子的螞蟻才行。能夠照料武士蟻生活的，就是牠們的近親——山蟻亞科的螞蟻（如黑山蟻等）。

武士蟻的新蟻后若是找到了山蟻的巢穴，就會單槍匹馬地闖入。通常有其他種類的螞蟻闖入巢穴時，工蟻會將兵蟻帶過來，對侵入者進行圍攻。但是武士蟻的新蟻后卻得獨自戰鬥。儘管牠入侵山蟻巢穴時，當中的工蟻及兵蟻都會蠢蠢欲動、頑強抵抗，而且年輕的武士蟻蟻后還臨盆在即，但牠依然會自己闖入山蟻的巢穴。

當然，山蟻的工蟻們一旦發現武士蟻蟻后入侵巢穴，馬上就會強烈反抗、攻擊武士蟻，試圖阻擋對方進入。但是山蟻的顎和武士蟻相比實在太小了、力量也非常弱，在戰鬥上極為不利。另一方面，武士蟻蟻后那巨大的頭部附有鐮刀狀的銳利強悍大顎，能夠甩開那些衝向自己的山蟻們前進。最後牠會來到巢穴深處、也就是山蟻們保護的女王房間。

武士蟻蟻后一發現山蟻蟻后，立刻就會用牠強悍的大顎到處亂咬對方的身體。當然山蟻蟻后也會拼命抵抗，但仍會敗在武士蟻蟻后顎下。最終，山蟻蟻后就在傷痕累累、體液橫流的情況下斷了氣。

之後武士蟻會舔拭山蟻蟻后身上傷口所流出的體液，並將體液與對方身體表面的體蠟塗抹在自己身上。這是為了要將自己偽裝成該巢穴的前蟻后。

昆蟲的身體表面都有一種類似蠟的成分，是由碳水化合物構成。

像螞蟻這類社會性昆蟲，就算種類相同，若是隸屬不同巢穴，牠們身上的體蠟成分就不同，這樣才能夠分辨來者究竟是否為自己的同伴。

正因如此，武士蟻將死去的前蟻后體蠟塗抹在自己身上，就能夠順利地欺騙過巢穴中的其他工蟻與兵蟻。

武士蟻蟻后將死去蟻后的體液及體蠟塗抹在自己身上之後，方才還殺氣騰騰要攻擊牠的山蟻們便會停下手。不僅如此，牠們還會靠到現任武士蟻蟻后的身邊，開始為牠打點周遭，就像先前為自己的蟻后所做的行為。

如此一來，武士蟻蟻后就成功騙過山蟻們，成為牠們的新女王、君臨巢穴。

讓其他種類的螞蟻養育自己的孩子

武士蟻雖然具有強而有力的大顎而善於戰鬥，但是牠們自己無法咀嚼固體食物，因此用餐時一定要由山蟻把食物咬碎、處理成流質後，再用嘴把食物送進武士蟻的嘴裡。武士蟻蟻后就是這樣從其他種類的螞蟻處獲得大量營養，並在牠奪取來的巢穴當中產卵。而山蟻的工蟻們因為誤以為武士蟻蟻后就是自己的蟻后，因此當武士蟻蟻后產下卵之後，牠們也會非常愛惜、照顧這些與牠們毫無血緣關係的卵。

由於這個巢穴當中的山蟻蟻后已經遭到殺害，因此接下來出生的螞蟻全都是武士蟻。而那些根本無法自己進食的武士蟻們就這樣接二連三出生，山蟻們也不眠不休地照顧著牠們。

但是，山蟻的壽命只有一年左右，因此照顧武士蟻的僕人數量會逐日減少。

僕人不夠就去綁架！

武士蟻們都是飯來張口，要是奴僕數量不足，可就活不下去了。如果發生這種情況，牠們為了獲得新的奴僕，就會去攻擊其他巢穴。

在夏季悶熱而晴朗的日子裡，武士蟻們會成千上百地列隊去攻擊其他山蟻的巢穴。遭到攻擊的山蟻們當然會進行反擊，但畢竟戰鬥方面，還是武士蟻技高一籌。牠們會用銳利的大顎橫掃敵軍，綁架巢中的山蟻蛹及幼蟲，帶回自己的巢穴。

被綁架來的山蟻蛹及幼蟲，當然還是由原先巢穴裡的其他山蟻僕人們負責照顧。而這些被綁架來的山蟻們長大之後，會以為在同一個巢穴裡的武士蟻是自己的家人，因此也仍然毫無怨言地繼續照顧那些武士蟻們。

武士蟻會定期補充僕人。從其他巢穴將孩子綁架來以後，照顧孩子、收集食物、餵食等就都靠這些僕人了，牠們就是這樣活下去的。

其他狩獵奴隸的種類

同樣會占據其他種生物巢穴來打造成自己巢穴習性的，還有刺棘山蟻、遮蓋毛蟻（學名：*Lasius umbratus* ❶）、黑草蟻等。

除了螞蟻以外，胡蜂科當中一種名為笛胡蜂（學名：*Vespa dybowskii*）的大黃蜂也有勞動寄生的行為。

---

❶毛山蟻的一種，由於工蟻體色為黃色，在日文中稱為焦糖色毛蟻，在臺灣沒有族群分布。

　　殺死與自己不同種的女王並偽裝成前女王，再將巢穴中的部下們當成奴隸使喚，當部下不夠時就再去其他巢穴進行綁架。武士蟻的行為看來實在難以饒恕，但我們人類似乎也沒資格責備牠們吧？

　　離現今不遠的兩百年前左右，在人類世界，這種惡劣的狩獵奴隸行為是合法的。我們也曾經將同種的人類，像是動物一樣對待。當那些可憐的人們掉入陷阱、被一網打盡後，就用繩子綑綁起來送到奴隸船上，使他們好幾個月動彈不得。接下來等待他們的，就是一輩子悲慘的奴隸生活……。

【某對杜鵑的故事】

親愛的～我們夫妻是否也該有孩子了呢？

我們身為夫婦已經建立信賴關係，想來應該能夠互相幫忙、生下孩子了吧？

是啊，我明白的。

不過得要慎選托兒的對象才行，畢竟要讓對方養育我們的孩子啊！

我們倆就先在附近的森林繞一繞吧！

你看！那隻鳥你覺得如何？

啊……說的也是……你說的沒錯。那隻鳥不行，牠就只會吃樹木上的果實。

得找到和我們一樣以昆蟲為食的鳥才行。

啊！有隻從剛才就一直猛吃昆蟲的鳥欸！

……不過還是不行啊！那隻鳥跟我們差不多大。得找到更小一點的鳥才行，否則我們的孩子沒辦法存活。

咦？哪個？啊，那個嗎!?

真不愧是我的好老公，找到超棒的對象了！

那種鳥的身體比我們小、也總是捕食昆蟲。而且牠的巢穴蓋好了，想來也差不多要生卵了吧？

接下來我們夫妻就輪流監視牠，同時別讓牠給發現了。

---------------------------------------（三天後）---------------------------------------

　　唉～都監視三天了，還真有點累了呢！牠怎麼還不生啊？
　　再不生我可要頭痛了。畢竟我可是早就準備好了。

　　太好了！牠生了！一個、兩個……這裡太遠了看不清楚，看來生了四個左右吧！
　　接下來就是等那隻母鳥離開巢穴了。
　　我可是隨時都準備好可以生呢！

　　那隻母鳥，怎麼不趕快去找食物啊！牠一直在巢裡為卵保溫、守護著牠們。這樣我就不能過去生卵了嗎？
　　我肚子也很餓啊……
　　親愛的，我去找點食物，先麻煩你監視牠囉！
　　就算我不在這邊，如果那隻母鳥暫時離開巢穴了，你也要馬上叫我喔～
　　拜託了。

　　終於能去找食物了。光是在這兒監視，也是耗盡心神了。
　　畢竟一直繃緊神經哪！

　　──「布穀！布穀！」
　　噢！！是老公在叫我了呢！那隻母鳥離開巢穴了吧!?

我不能待在這兒啦！

得趕快衝過去，把我的卵下在那兒才行！

呵呵～這就是那隻母鳥的巢穴啊？

做的挺不錯嘛～軟綿綿的、是很適合小鳥居住的好巢呢！

牠果然生了四個卵。

先銜起一個牠生下的卵。

好啦！我的卵生完了。這樣沒問題啦！

哎呀～就連身為母親的我，也沒辦法區分出自己生下的卵，和原先卵的花色有何不同。

剛才銜起來的卵我就吃掉囉～

嗯～很好吃！

好啦！再不趕快走，那隻母鳥就要回來了。

再會啦～我親愛的孩子。

身為母親，我無法再為你做些什麼了。你得要獨立才行。

要好好從那位母親那兒獲得許多食物、好好長大，成為一隻頂天立地的成鳥喔！

再會啦～

好啦！下一個孩子該生在哪個巢穴裡好呢？

讓陌生人養育自己孩子的巧妙育兒寄生術

10 秒內生完就跑的妙技

生了就跑！
杜鵑的托卵
戰略 1

在繁殖後代這方面展現巧妙寄生方式的，是一種名為「杜鵑」❶的鳥類。這種鳥會將自己的卵生在其他鳥類的巢穴之後馬上跑掉，將養育孩子這種大工作完全交給陌生人（陌生鳥？）。

除了前述的扁頭泥蜂以外，另外還有某些種類的螞蟻以及黃蜂類的昆蟲不會自己養育孩子，但這種行為其實並非只出現在昆蟲身上。養育孩子對於父母來說，需要耗費龐大的時間及勞力。將這些事情交由別的動物去執行代勞，就稱為托卵或者巢寄生 (brood parasitism)，被認為是寄生的一種。

將托卵這種寄生習性發展得淋漓盡致的就是杜鵑。杜鵑這種鳥屬於鵑形目—杜鵑科，體長大約 35 公分左右，在歐亞大陸及非洲都繁衍旺盛。在日本則屬於夏季候鳥，於每年五月前後會飛到日本。由於繁殖期的公杜鵑鳥叫聲是「布穀！布穀！」非常特別，因此就算沒見過牠們樣子的人也應該曾聽過，對於日本人來說是非常熟悉的鳥類。

而杜鵑托卵的對象則主要是體長約 20 公分左右的東方大葦鶯等，和杜鵑相比小了許多的鳥類。以下想向大家介紹一下杜鵑能夠讓

---

❶杜鵑鳥在中文的別名又叫布穀鳥。

完全陌生的鳥來養育自己孩子的狡猾詐騙技巧。

◗ 托卵對象的條件

　　杜鵑托卵並非隨機作案。牠們會好好選擇合適的對象之後才進行托卵。而杜鵑選擇的托卵對象，必須符合幾個條件。

　　首先，托卵對象吃東西的口味必須和自己一樣才行。若是托卵對象吃的東西和自己不同，那麼就算自己的孩子孵化了，從養父母那兒獲得的餐點種類也會有問題。肉食性的杜鵑在幼鳥時期若無法獲取昆蟲等的食物，是無法好好長大的。實際上杜鵑所選擇的托卵對象，都是和牠們一樣以昆蟲為主食、吃其他動物的鳥類。

　　另外一個條件，就是托卵對象的鳥類身體必須比自己小才行。基本上所有動物都是這樣，身體愈大的物種所需的能量就愈多，但相對的，該物種的個體數量也比較少。

　　相反地，身體小的動物，就能夠以較高的密度棲息。也就是說，若是以身體較小的鳥作為尋找目標，由於那些鳥類的棲息密度比較高、巢穴數量也比較多，那麼能尋覓到托卵的機會也比較多。

　　通常鳥類所產的卵大小會與體型有著一定的比例，但是杜鵑這個物種卻因為托卵的習性而調整了卵的尺寸。由於杜鵑會托卵給比自己小的鳥，因此牠們也將自己的卵縮小，讓產下的卵看起來和對方鳥類的卵大小差不多。另外，若是生的卵比較小，也可以省下身體製造大卵的能源，如此一來就能夠生下比較多的卵。

　　以身體較小的對象作為目標還有一個理由。杜鵑的雛鳥在孵化以後，會將養父母的卵或雛鳥推到巢穴外面，這樣才能夠獨占養父母供給的食物。不這麼做的話，原先就有著較大身體的杜鵑雛鳥，由於

食量較大，是沒辦法吃飽長大的。為了要讓這個行動順利，對方若是身體較小的鳥，對杜鵑雛鳥來說當然比較有利。

　　總結來說，杜鵑托卵的對象，就是和自己相同食性，以昆蟲與其他動物為主食，同時體型又比自己小的鳥——也就是東方大葦鶯、草鵐、伯勞、灰喜鵲等。

夫妻協力監視目標

　　當母杜鵑需要到其他巢穴產卵後再逃跑時，公杜鵑也會幫忙。首先，牠們會去尋找可能符合托卵條件的鳥巢——比方說是東方大葦鶯。而當牠們負責盯梢的東方大葦鶯產卵之後，杜鵑就會在原處等待能夠將自己的卵產在那個巢當中的機會。由於剛產卵的東方大葦鶯會在巢中為卵保溫，因此不太會離開巢穴。但有時牠們真的太餓了，就會為了吃點東西而稍微離開巢穴，而杜鵑瞄準的正是那個時機。

　　牠們監視的方法也非常狡猾。由於只要東方大葦鶯看見了牠們，就會提高警戒心，因此牠們會在有點距離的地方監視。而且夫妻倆還會換班，以免太容易被對方發現。當公杜鵑看到目標對象的親鳥離開巢穴的瞬間，就會大聲喊著「布穀！布穀！」通知母杜鵑，聽到這個聲音的母杜鵑會以迅雷不及掩耳的速度衝到親鳥不在的那個巢中。

只要 10 秒，生完就跑！

　　接下來，母杜鵑得要用最快的速度做完所有事情。

　　畢竟托卵對象也是母鳥，對方就算離開需要保溫的卵，時間也只會有那麼一下下。母杜鵑站進托卵對象的鳥巢時，會先銜起一顆卵，然後才生下自己的。理由可能是杜鵑的卵和養父母的卵，外觀上看起

來非常相似，為了避免之後不小心毀了自己的卵，所以才這麼做。產卵之後，杜鵑就會吃掉剛才銜起來的卵，湮滅證據。

　　這個一系列的行動包含打暗號、偷天換卵、產卵，過程迅速無比，最快只需要 10 秒鐘就完成了。於是在巢主回來以前，杜鵑的卵就已經混進巢中了。

■ 抽換巢主之卵的理由

　　杜鵑在產卵時，會先將養父母的一個卵取出。以往大家認為，應該是要配合巢中卵的數量，以免被養父母注意到巢中有其他卵混入。但在實驗中發現，就算巢中的卵多了一、兩個，養父母也不會發現。

　　那麼，杜鵑究竟為什麼要這麼做呢？

　　有一個假說認為，可能是杜鵑怕自己產卵若花了太多時間，結果被回來的巢主撞見的話，就能夠讓養父母以為牠是來吃卵的一般侵略者，如此一來就不會被察覺到牠們是來托卵的真正意圖。

　　另一個假說則認為，鳥巢當中的卵數量，通常會與親鳥能夠養育的最大雛鳥數相當，因此，也許杜鵑是想嚴格遵守巢內卵的數量。

　　在下一章當中，我們會介紹被留在其他鳥巢當中的那隻杜鵑雛鳥，將會發生哪些事情。

　　牠獨自一鳥要如何生存下去呢？杜鵑可是有著令人驚訝的生存戰略呢！

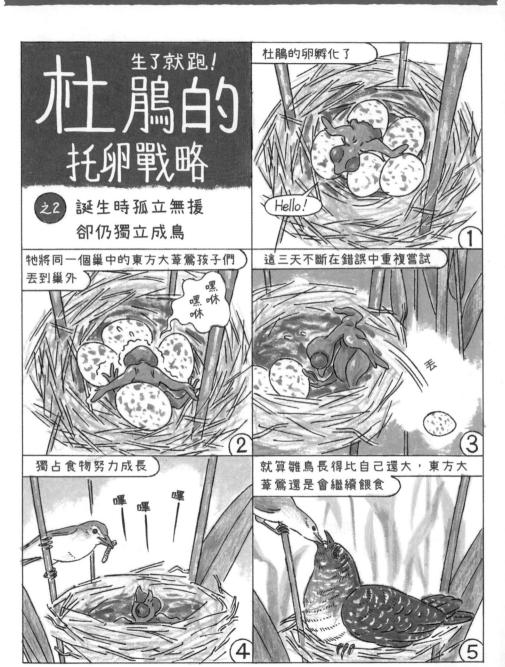

我的巨大寶寶

【一隻鳥的故事】

這是我的女兒。

牠很巨大、很壯對吧？

不是、不是的，牠還不是成鳥。你看，牠這不是還在巢裡嘰嘰叫著等我嗎？

沒錯，如你所見，要養育那孩子真是辛苦哪！畢竟牠的身體那麼巨大，實在很能吃。

我每天從早到晚為了那孩子在森林裡東奔西跑，就是希望多找些小蟲子塞進那孩子的嘴裡。那孩子的食慾一天比一天旺盛，真是不敢置信。

我每天光是運送那些食物就精疲力盡了，但那孩子卻還是喊著：「還要、還要！媽媽，我還要吃！」

這是我第三次養孩子了，可從來沒養過這麼會吃的呢！

從前的孩子當中，也沒有體型這麼巨大的。

這孩子明明還是幼鳥、也不會飛，身體卻大到都要從我做的巢裡滿出來了。鳥巢本身都快失去它的意義啦！

這孩子從一開始就很特別。

我這次一開始也生了好幾個卵。不，其實我不記得是幾個啦！

總之我生了好幾個，卻只養大了這孩子。

我記得以前曾經一次養三個孩子啊！

不過會只剩下這個孩子，倒是有原因的。

因為這孩子竟然將其他孩子殺死了！

我生下卵以後，除了去吃點東西以外，都待在巢裡，為我生下的卵保溫。

那天，這孩子比其他孩子都要早從卵裡鑽了出來。

雖然牠的眼睛還沒張開、什麼都看不見，也沒有長羽毛、渾身光溜溜的，動起來也還非常重心不穩，卻拼了命要把其他卵放到自己的背上。

「妳想做什麼呢？有氣無力的可愛小寶寶。想跟其他卵玩嗎？」

一開始我是抱著這種心情、笑著看牠的行為。

畢竟才剛出生，牠也沒辦法做出多少動作，就算是想背起其他卵，也肯定只會失敗。當然，剛開始的確失敗了很多次。

但這孩子就是不放棄。覺也不好好睡，就是執意要把其他卵背起來。

這孩子簡直不像是在玩耍，而是彷彿有什麼使命在推動牠進行著這件事情。

直到有一次，牠終於成功把卵堆到自己的背上，接著就將那顆卵推向鳥巢邊緣，向外丟了出去。

我的巢是建造在安全的樹木上，因此掉下去的卵很自然地啪嚓一聲在地面上裂了開來。

破掉的卵當中有著馬上就要出生的小寶寶。

我覺得有點悲傷。畢竟是親眼看到了原先馬上就要出生的寶寶死在眼前啊！

　　但這並非意外。因為這孩子成功推落一個卵之後，絲毫不作休息，又打算將其他卵也推下去。

　　在牠接二連三把其他卵都丟下去以後，我的孩子就只剩牠一個了。

　　你問我為何不阻止這孩子？

　　這個嘛，我也不太明白。我想，大概是因為那時我覺得：「這孩子真是強悍哪！不過強者生存本來就是這世間的道理啊！」

　　理由大概就約莫如此吧！

　　啊～這孩子實在是可愛到不行。

　　不過最近這孩子變得這麼大，其他太太也跟我說了些閒話。

　　「看妳那麼疼牠，實在很難說出口。不過那孩子跟我們不是同種族的呀！畢竟不管看身體大小、還是樣子，都跟我們完全不一樣啊！」

杜鵑雛鳥的生存戰略

產卵在其他鳥的巢中，
把乾兄弟姐妹都殺掉！

生了就跑！
杜鵑的托卵
戰略 2

杜鵑的雛鳥會殺死其他卵及雛鳥

　　混入其他種類母鳥巢穴的杜鵑卵，之後會如何呢？牠只有自己一隻雛鳥，沒有母親、兄弟、也沒有任何夥伴，但還是要想辦法活下去。混入其他鳥巢的杜鵑卵在養父母每天保溫下，約 10 ～ 12 天就會孵化。杜鵑孵化所需要的時間很短，如果出生時間和養父母產卵的時間差不多的話，那麼杜鵑卵會早約 1 ～ 2 天孵化。早一步孵化的杜鵑雛鳥，當然眼睛還看不見、也沒有羽毛，是一身皆空的狀態。

　　但就算是這個樣子，杜鵑雛鳥還是有非做不可的事情，也就是謀殺養父母真正的孩子們。杜鵑雛鳥孵化以後，就會將同一個巢穴當中的養父母親生孩子──那些卵扛到背上，好將牠們丟到巢外。

也許有人會覺得，也不必把養父母的孩子都趕盡殺絕吧？但是對於杜鵑雛鳥來說，若沒有把養父母的孩子都處理掉，自己存活的可能性就會大幅降低。前面也曾經提到過，杜鵑其實是身體比養父母大很多的鳥類，為了成長，牠們需要非常多食物。如果無法獨占養父母提供的食物，就很有可能活不下去。另外，若養父母的孩子長大以後，牠們也可能會發現杜鵑和其他孩子的樣貌相差太多，進而意識到這孩子並不是自己的。

為了避免這些風險，杜鵑會盡可能早一些孵化，然後處理掉其他卵。不過杜鵑的卵再怎麼早孵化，頂多也就是 1 ～ 2 天的事情。有時候，還是會有養父母的孩子較早出生的情況。

但養父母的孩子並沒有將其他卵推落巢穴的習性，因此就算晚了一步，杜鵑雛鳥也還是能夠平安孵化。另外，杜鵑雛鳥的身體還是比其他雛鳥稍微大了一些，因此就算比較晚孵化，也還是能夠接二連三將養父母的孩子們給推出鳥巢。

● 時限只有 3 天

杜鵑雛鳥排除其他幼鳥的行動，必須在孵化以後 3 天之內完成。這 3 天之內如果沒有完全除掉養父母的卵或者雛鳥，那麼就將會因為無法吃到足夠食物而餓死，甚至有被養父母發現而被殺死的危險。

但非常不可思議的是，養父母並不會阻止杜鵑雛鳥的行為。雖然杜鵑雛鳥的體型稍微大了一些，但畢竟剛出生的雛鳥幾乎沒什麼力氣，要扛著一個卵丟到巢外，是非常辛苦的。這 3 天之內不管失敗了多少次，牠們都會不斷重複這個行為。養父母雖然眼看著杜鵑雛鳥拼了命想把其他卵推出巢外，還是會若無其事地繼續餵食杜鵑雛鳥。

疼愛杜鵑雛鳥的小小養父母

鳥巢中只安然留下一隻杜鵑雛鳥，牠就能獨占養父母提供的食物。杜鵑雛鳥的口腔內部是紅色的，因此只要大大張開嘴，就會非常顯眼。這種紅色能夠挑起親鳥的餵食本能，有時甚至會跑去餵食周遭同時期也在進行繁殖的其他鳥類。

杜鵑雛鳥獨占養父母和食物以後，就能夠快速成長，身體也像吹氣球般成長為養父母的 2 倍大，甚至溢出了鳥巢。其實這個時候從外觀上就能夠一目了然明白孩子與父母的種類不同，但是將牠從小養到大的養父母已被洗腦，認為這就是自己的孩子，所以會繼續餵食。等到能離巢的那天來臨，杜鵑雛鳥就會丟下養父母，頭也不回地遠去。

托卵 vs. 養父母

一般鳥類在繁殖期會生下 4 個左右的卵。但是目前已知像杜鵑這些托卵的鳥類，會生下好幾倍的數量，大約是 10 ～ 15 個。而從托卵成功的案例能夠觀察到，只有杜鵑的雛鳥存活下來，而養父母的卵都被殺死的情況。

如果反覆發生這種事情，那麼鳥類世界中，應該只有托卵的鳥類數量會持續增加，但事實並非如此。這是由於托卵繁殖成功的話，養父母鳥類的數量就會開始減少，但這也導致下一世代的托卵鳥類找不到托卵對象、也無法托卵，因此牠們就會連帶減少。如此之後，養父母的數量又會開始增加。自然界就是以這種方式維持著巧妙的平衡。

另外，除了個體數量的平衡以外，也可能會有養父母攻擊托卵者、或者獲得辨別杜鵑卵的能力，得以成功排除托卵母親的孩子。

在信州大學的研究當中發現，杜鵑和牠們托卵的對象，其實有非常明顯的演化攻防之爭。

日本的杜鵑在幾十年前，都是托卵給草鵐這種鳥類。但是草鵐被托卵的機率實在太高了，因此後來牠們演化出能夠看出哪顆是杜鵑卵的能力，這導致了杜鵑的托卵一再失敗。

結果杜鵑只好變更托卵對象，開始托卵給灰喜鵲。灰喜鵲先前不曾被托卵過，因此有些地方在托卵開始 5 ～ 10 年左右，狀況慘烈到灰喜鵲的鳥巢有八成都被杜鵑托了卵，結果造成灰喜鵲的個體數量減少到剩下 $\frac{1}{5}$ ～ $\frac{1}{10}$。這樣下去的話，灰喜鵲肯定就要滅絕了。不過生物沒有這麼簡單就認輸了。最終，灰喜鵲終於找到了對付托卵者的辦法。

研究團隊的實驗當中，將杜鵑的標本放在灰喜鵲的鳥巢前，觀察牠們攻擊的程度有多猛烈。在托卵剛開始 10 年內的地區，牠們幾乎都不會攻擊標本；但是托卵行為進行愈久的地區，灰喜鵲的攻擊行為就愈強烈。另外，在托卵開始超過 15 年的地區當中，也發現灰喜鵲逐漸會將卵剔除，或者採取直接放棄被托卵的鳥巢這種對抗手段。

也就是說，灰喜鵲一開始非常輕易地就上當了，但現在已經發現自己會被托卵，也能夠看出來哪顆卵不對勁，因此能夠將杜鵑卵從巢內踢出，或者在發現杜鵑靠近鳥巢時就攻擊對方。

不過杜鵑當然也不會認輸。

在 2013 年發表的論文當中指出，棲息於非洲的一種杜鵑雀 (cuckoo-finch) 在托卵時會非常有耐心且執著。論文當中提到，母杜鵑雀會重複前往同一對養父母的鳥巢，而且不只生一個卵，牠會以大概 2 天生一個的頻率生下多個卵。由於在同一個巢穴當中有好幾顆杜鵑雀的卵，因此養父母也會開始搞不清楚狀況，就算原先有辨別出杜

鵑雀卵的能力，也會因為覺得眼花，而無法挑出並加以排除。這導致該地區被當成養父母的褐頭鷦鶯，大約有 20% 的鳥巢都遭到杜鵑雀托卵。

不自己養育而選擇托卵策略

托卵這個策略，成立在親生父母與養父母攻防之間的巧妙平衡上。全世界總共約有 9000 種鳥類，這當中約有 1% 會進行托卵的行為。這些鳥類為何會採取托卵這種手段呢？

日本的杜鵑屬鳥類，身體恆溫系統並不發達，大多仍屬於變溫動物，因此體溫會根據當時氣候而有 10°C 上下的變化。這樣的身體並不適合用來孵卵保溫，有些人認為這就是牠們選擇托卵戰略的理由。但也可能是長久以來，這些物種都將卵托付給別人，才導致牠們由於不需要為卵保溫，因此體溫也就不再需要維持恆定的結果。

托卵這個不可思議的生態，目前還有許多謎題尚未解開。

【小故事】震驚！除了鳥以外，鯰魚也會托卵！

稍微偏離一下杜鵑的故事。以往的人認為，托卵這種生存戰略，應該只存在鳥類當中。但是 1986 年時，長野大學佐藤哲等人的研究團隊發現，魚類當中也有會托卵的種類。這種魚正是棲息於非洲坦干依喀湖的鯰魚，牠們托卵的對象則是慈鯛。

慈鯛因為其獨特的育兒行為而非常有名，牠們會在一段時間內都將孩子放在口中，培育幼魚長大，這類型的育兒行為被我們稱為口腔孵化 (mouthbrooder)。在魚類當中，不論是生活在淡水或海水，都有許多種類是採用此種繁殖戰略。

　　一般來說，魚類的卵非常小且毫無防備，在幼魚時期也易於被其他動物捕食，因此親魚將自己的卵和幼魚藏匿在口中，卵就不容易被外敵吃掉，在成為幼魚以後被捕食的機率也會大為下降。

　　而托卵鯰魚正是打算將自己的卵，托付給慈鯛這種將孩子放在口中悉心養育的魚類。鯰魚夫婦會伺機窺探著托卵機會，趁著母慈鯛產卵之際也過來產卵，讓鯰魚的卵與慈鯛的卵混在一起。慈鯛在魚卵孵化前會一直將卵放在口中，保護魚卵直到牠們孵化，因此也會不小心就將慈鯛與鯰魚的卵一起含入口中。

　　待在毫無血緣關係的養父母口中安全無虞，托卵的鯰魚還會比慈鯛的卵早一步孵化。這時，即使牠們原先的養分來源──卵黃囊的養分尚未使用完，鯰魚寶寶還是會開始吃掉其他慈鯛卵。慈鯛親魚根本沒想到自己的口中成了戰場，完全沒發現自己的孩子們已經遭到殺戮，之後仍然好好養育著口中的鯰魚孩子。

　　而受到慈鯛養父母保護、日漸長大的鯰魚，在長出漂亮鬍鬚後，就會以牠們那與養父母完全不同的面貌，從養父母口中悠悠游出。

一隻瓢蟲的受難

天父，請拯救牠們吧！
牠們並不知道自己在做些什麼

瓢蟲繭蜂會幫瓢蟲打了麻醉以後，
在瓢蟲的肚子旁邊生下一顆卵

噗滋

從卵中爬出來的瓢蟲繭蜂
幼蟲會鑽進瓢蟲的身體裡
吸取瓢蟲的體液成長

奇蹟生還的瓢蟲，有一部分
會再次遭到瓢蟲繭蜂寄生

Bye!

這可不是尾巴！

攢動攢動

大約三週後，寄生蜂的
幼蟲就會從瓢蟲外骨骼
的縫隙之間爬出來

我來保護你喔……

瓢蟲會以抱著蜂繭的姿態，
大約一星期左右都在保護寄
生蜂，讓牠從蛹轉化為成蟲
的期間不受外敵攻擊

【一隻瓢蟲的故事】

我是昆蟲界中受到大家喜愛的瓢蟲。像蟑螂那種生物，雖然跟我一樣是昆蟲，但全世界都討厭牠，不過我可是很受歡迎的唷！

也許是我這圓圓紅紅、背上有斑點的樣貌給大家好感吧？

我們在英文當中還被稱為「Ladybug：淑女蟲」呢！

雖然我是公的，但還是被稱為 Lady（淑女）啦。不過這個 Lady，其實是聖母瑪麗亞的意思。這是因為我們會吃掉許多破壞人類農作物的蚜蟲，因此對人類來說，我們應該就像是聖母一樣吧！

人類看到我們的時候，總是說什麼「好可愛喔～！」，但其實我們的防禦能力可高著呢！

我身上的紅黑色漂亮斑點，對於鳥類來說是警戒色，牠們會覺得很噁心而不想吃我們。

當然，也會有動物仍然想吃我們而把我們塞進嘴裡，這種時候我們的腳關節就會散發出強烈的惡臭，還有分泌出苦澀又有毒的黃色液體。這樣一來，把我們丟進嘴裡的動物也會因為覺得實在太難吃，而把我們吐了出來，以後也不會再動我們的歪腦筋。

因為上述的防身招術，我們沒什麼敵人呢！

不過，我們當然也有害怕的東西。

就是有時候會靠來我們身邊的小小蜂類。

大家總是互相告知「要留心那些靠到身邊的小小蜂類」，真是聽得我耳朵都要長繭了。

我先前並沒有見過那種蜂類，所以也曾經稍微懷疑過，真的有那種蜂類嗎？不過前不久，我終於遇到了竟然拿針要瞄準我的傢伙。

　　那傢伙緩緩靠過來，正打算拿針刺我。我當然是拼了命地抵抗。

　　要是再晚個一毫秒發現，我肯定就被刺了。但我成功防禦了那傢伙的攻擊。

　　牠也許是放棄以我為目標，於是開始張望四下。

　　下個瞬間，牠就飛到了隔壁樹上正在享用蚜蟲的夥伴那兒。

　　夥伴太晚發現蜂類的存在，結果就被針刺了。大概也因為這樣，夥伴的動作變得非常遲鈍。

　　之後蜂類似乎又刺了一次夥伴側腹之類的位置。

　　我很擔心牠，所以立刻奔到牠的身邊。

　　不過等我到的時候，牠已經像平常一樣活動自如了，而且若無其事的再次享用著牠的蚜蟲大餐。

　　被蜂類刺中的夥伴，隔天、後天、大後天也都拼了命地在吃蚜蟲。牠的樣子看來實在有些瘋狂，我有點擔心，所以總在附近觀察牠的樣子。

　　就這樣過了好幾天，夥伴忽然一動也不動。

　　下一秒，有隻巨大的毛毛蟲從牠的肚子裡鑽了出來。

　　我嚇得動彈不得。

　　那隻巨大的毛毛蟲從夥伴肚子裡完全鑽出來以後，又移動到夥伴肚子之下，然後開始吐絲作繭。那個繭與夥伴的身體都快差不多大了。

夥伴就維持抱著那個繭的樣子，一動也不動。那怪異的樣子實在太恐怖了。

但想到夥伴若是已死，就不用再承受任何苦痛，這樣也算安了心。

「不對！」夥伴還沒死啊！

牠抱著那顆繭，偶爾還是會動一下。

定睛仔細瞧瞧，牠是在努力地用腳踢走那些打算吃繭而靠過來的小蟲子們。

「這是怎麼回事……？」

我想這位夥伴一定不會再次回到我們族群身邊了吧！

那時候我的確是這麼想的。

但在一週後，我的想法卻又完全遭到顛覆。

那位夥伴若無其事地再次出現在我眼前。

當然，牠已經沒有懷抱著巨大的繭了。

牠只是一如往常在我面前津津有味地吃著蚜蟲。

我一定是做了夢。

不這樣想的話，腦袋大概就要燒壞了。

所以我還是把先前看到的事情，都當成一場夢好了。

就算腦細胞被破壞、
內臟都被啃蝕殆盡
仍然繼續守護寄生蜂的瓢蟲悲劇

一隻瓢蟲
的受難

　　瓢蟲是被分類在鞘翅目—瓢蟲科下的所有昆蟲總稱。瓢蟲在英文當中稱為「Ladybug ＝淑女蟲」，被認為是能夠保護農作物的益蟲。

　　在日本，瓢蟲的漢字則寫為「天道蟲」，天道就是指太陽。這是因為瓢蟲有朝向太陽飛去的習性，因此日本人就將這種朝著天道飛去的蟲子命名為天道蟲。

　　有許多人看到蟑螂接近，便會尖叫出聲；但大部分的人看到瓢蟲卻都不會慘叫。相反的，在市面上也有許多以瓢蟲為主題製作的裝飾品和文具等，以前在結婚典禮上還經常播放「瓢蟲森巴 ❶」這首曲子呢！我想，如果曲名是什麼「蟑螂森巴」的話，是絕對不可能在喜慶典禮中播放吧？想來瓢蟲真是昆蟲當中比較不容易遭到厭惡的呢！

噗
滋

❶瓢蟲森巴是日本二重唱團體 CHERISH 在 1973 年發售的曲子。

　　瓢蟲的體色是鮮豔的紅色或黃色，身體小而渾圓。牠們不會像蟑螂那樣迅速移動，當然也不會忽然出現在家中。牠外觀可愛加上個性溫和，而且還有一部分的瓢蟲會大量捕食破壞農作物的蚜蟲。

　　雖然我們都稱為瓢蟲，但其實牠們種類繁多、吃的食物也大不相同。牠們的餌食大致上區分為三類：以蚜蟲和介殼蟲等小蟲子為食的肉食性瓢蟲、以白粉菌維生的食菌性瓢蟲，以及啃食茄科等植物的草食性瓢蟲。由於肉食性瓢蟲會捕食害蟲中的蚜蟲，因此在全世界都受到珍視。這些瓢蟲也被作為生物性農藥使用，以取代農藥防治病蟲。

　　瓢蟲外貌雖然小巧而渾圓，但對於那些想把自己吞下肚的敵人，牠們也有能夠保護自己的方法。

　　在我們眼中只不過是可愛圓點的紅黑斑紋，其實對於捕食動物來說是警戒色，因為這種保護色，使得鳥類不太會吃瓢蟲。另外，不管是瓢蟲的幼蟲還是成蟲，若是遇到敵人，牠們都會裝死來試圖逃過一劫。即使如此，瓢蟲還是可能會被動物塞進嘴裡。這種時候，牠們就會從腳部關節分泌出散發強烈惡臭，且帶有苦味的有毒黃色液體，如此一來，把牠們放進口中的動物就會馬上將牠們嘔吐出來。

● 被寄生蜂盯上的瓢蟲

　　瓢蟲雖然有五花八門的防禦手段，但還是招架不了寄生蜂的攻擊。會寄生在瓢蟲身上的，是一種叫做瓢蟲繭蜂的寄生蜂。既然名字當中有「瓢蟲」，那麼大家也可能聯想察覺到，這種寄生蜂只會寄生在瓢蟲身上。牠們的體長大約只有 3 公厘左右。

　　母的瓢蟲繭蜂到了能夠產卵的時節，就會開始尋找瓢蟲。找到瓢蟲以後，會先幫對方進行麻醉，然後在瓢蟲的側腹處生下一顆卵。

　　瓢蟲繭蜂的幼蟲從卵中爬出以後，就會鑽進瓢蟲的身體裡，然後吸取瓢蟲的體液慢慢長大。在這期間，被寄生的瓢蟲身體會慢慢遭到侵蝕，不過外觀和行動上看起來卻一如往常的生活著。

　　在瓢蟲身體內部遭到啃食後三星期左右，繭蜂的幼蟲已經長大到超過瓢蟲的一半大小，這時候牠們就會從瓢蟲外骨骼的縫隙之間緩緩爬出來。瓢蟲雖然體內被這麼大的繭蜂幼蟲啃食殆盡，但是這個時候還有 30 ～ 40% 的瓢蟲能夠存活。一般認為，可能是由於繭蜂的幼蟲會盡可能啃食不直接影響到性命的脂肪等組織。

就算身體被啃蝕殆盡也繼續保護繭蜂

　　自瓢蟲體內爬出來的瓢蟲繭蜂幼蟲，會窩在瓢蟲的腹部下方做出一個繭，然後在當中化作蛹。這樣一來，在外觀看來，就會變成瓢蟲抱著那顆繭的樣子。

　　到這個時期，約還有三成的瓢蟲能夠存活。雖然大家會覺得，既然命還在，怎麼不快逃呢？但就算繭蜂的幼蟲已經不在身體當中，牠們仍然會停留在原地抱著繭。

　　而且瓢蟲並不只是單純懷抱著繭守護牠而已。在那隻把自己身體內部啃食殆盡的繭蜂化為蛹而一動也不能動的期間，瓢蟲會成為蛹的保鑣。在蛹期的繭蜂因為動彈不得，是非常容易遭受敵人攻擊的狀態。草蛉幼蟲這一類的蟲子，就最喜歡吃這種蜂類的蛹了。但是瀕死的瓢蟲，只要看到有想要吃蛹的動物靠過來，就會揮舞著小腳拼命趕走牠們，保護著蛹。到蜂類羽化為成蟲飛走大概需要一週左右，這段期間瓢蟲都會一直保護著那顆蛹。

● 瓢蟲遭到寄生後的餘生

　　體內被巨大的繭蜂幼蟲啃食殆盡，而且還不吃不喝地當蛹的保鑣一星期，照道理來說，這些被寄生的瓢蟲應該也快死了吧？但令人難以置信的是，這些瓢蟲有 25% 的比例在被寄生之後，都能恢復原本的生活。而非常諷刺的是，有一部分奇蹟生還的瓢蟲，之後也仍有可能再次遭到瓢蟲繭蜂寄生。

● 繭蜂是如何操控瓢蟲的呢？

　　雖然繭蜂的幼蟲已經從牠寄生的瓢蟲身體中爬出，但瓢蟲卻還是無法靠自己的意志行動，反而拼命保護繭蜂的蛹。如果是還寄生在體內，還能理解也許是牠們的心靈被控制著，但繭蜂都已經不在瓢蟲的體內了，居然還是可以繼續控制著牠們？

　　為何會有這樣的情況，先前研究者們一直不明就裡。但是 2015年的一篇論文為這個謎題提供了一些線索。原來，繭蜂會將麻醉物質與某種會感染腦部的病毒一起注射到瓢蟲體內。

　　研究團隊發現，遭到寄生的瓢蟲腦部有不明病毒入侵，且牠們的腦內充滿了該種病毒；而沒有被寄生的瓢蟲，腦中則完全沒有那種病毒。研究團隊將這種全新的病毒命名為繭蜂麻痺病毒（學名：*Dinocampus coccinellae paralysis virus*, DcPV）。

　　瓢蟲繭蜂在麻醉瓢蟲並產卵的同時，也會將這種病毒送進宿主體內。病毒會在瓢蟲體內不斷複製增生，但剛開始還不會擴散到腦部，也不會對瓢蟲造成傷害。不過繭蜂的幼蟲自瓢蟲體內爬出的時候，此時的病毒就已經入侵到腦部，瓢蟲的腦細胞也開始遭到破壞。

　　上述推論雖然非常合理，但是病毒破壞腦細胞的行為，也很可能是瓢蟲自己的免疫系統所造成的。

　　繭蜂幼蟲活在瓢蟲體內的期間，瓢蟲的免疫系統會遭到抑制，但在繭蜂幼蟲自瓢蟲身體爬出以後，瓢蟲的免疫系統就不再受到抑制而開始活化。重新活化的瓢蟲免疫系統就會開始攻擊自己已經受到病毒感染的細胞，因而造成腦細胞的破壞。

　　而遭受自己免疫系統傷害的瓢蟲腦部，若是再次被繭蜂寄生，就會再度陷入麻痺。

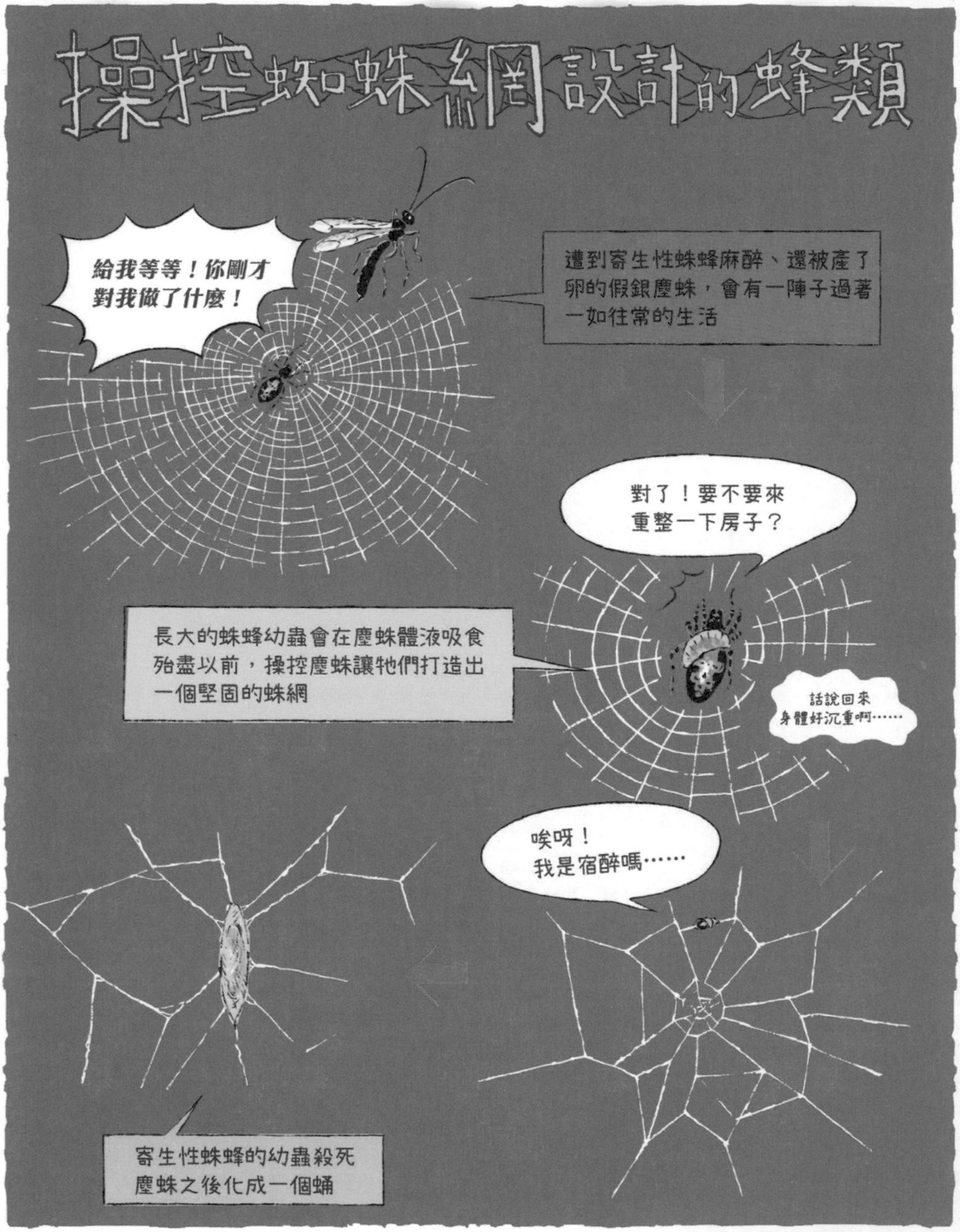
操控蜘蛛網設計的蜂類
給我等等！你剛才對我做了什麼！
遭到寄生性蛛蜂麻醉、還被產了卵的假銀塵蛛，會有一陣子過著一如往常的生活
對了！要不要來重整一下房子？
話說回來身體好沉重啊……
長大的蛛蜂幼蟲會在塵蛛體液吸食殆盡以前，操控塵蛛讓牠們打造出一個堅固的蛛網
唉呀！我是宿醉嗎……
寄生性蛛蜂的幼蟲殺死塵蛛之後化成一個蛹

圓形之網

【一隻蜘蛛的故事】

　　這究竟是怎麼一回事？這個死黏在我肚子上的東西究竟是什麼？而且總覺得它日漸變大了呢！

　　沒錯，剛開始應該沒有這麼大呀！原本只是小小的顆粒，怎麼可能長到這麼大呢？

　　我原先根本不太在意的呀！

　　發現它的時候——是哪時呢？我想應該是幾星期前吧！

　　那天我一如往常在自豪的美麗蛛網上巡邏，等待獵物落網。

　　結果有隻小小看起來應該是蜂類的東西，朝著我的網子飛了過來。

　　唉呀呀，真沒想到食物會自己上門呢！若是被我的網給勾住了，那是再好不過。但可別太躁動、毀了我的網子啊！

　　我悠哉地這樣看著牠想。

　　但那蜂類卻沒上鉤，反而來到我的眼前。下一秒我的身體感到一陣猛烈刺痛，於是昏了過去。

　　等我忽然清醒時，已經不見那隻蜂類的蹤跡，但是我的肚子上卻有個小小的顆粒。

　　我沒辦法看清楚自己的腹部，所以覺得也許是我多心了。但在不久之後，那個小顆粒當中似乎有個東西跑了出來。

　　不過那個東西一直在我的腹部一動也不動，我想應該是我看錯了吧！

自從長了這個顆粒後，我老覺得肚子很餓，所以總是迅速地將勾上網的蟲子們吃的一乾二淨。但不管怎麼吃，就是覺得餓。

　　而且總覺得我肚子上長的這東西，好像愈來愈大了！已經大到不像是長了顆痘子之類的，反而好像有什麼東西要從我肚子裡跑出來。

　　這到底是什麼啊？

　　而且這幾天，我一直沒辦法好好把網子做成自豪的美麗圓形。

　　我原先美麗而纖細的圓形蛛網，如今已面目全非。打造出來的，是個堅固粗糙又奇形怪狀的網子。

　　在我的肚子上似乎有某種東西一直蠕動著，讓我渾身無力。

　　我已經沒有力氣繼續打造蛛網、也沒力氣逃走了。

　　沒想到我最後打造出來的網子會是這種形狀。

　　身為蜘蛛，這實在有些丟臉哪……

隨心所欲操控塵蛛
使其結網

最後吸乾對方體液
的殘暴寄生性蛛蜂

操控蜘蛛網
設計的蜂類

　　寄生在能夠編織出美麗蛛網的塵蛛身上，隨心所欲操控對方的是一種寄生性蛛蜂。而牠操控的目標，正是蜘蛛最擅長結的「蜘蛛網」。在瞭解寄生蜂如何變更蜘蛛網的設計之前，我想先提提蜘蛛和牠們的絲線。

蜘蛛並非昆蟲

　　我想應該有不少人明白，蜘蛛並不是昆蟲。

　　由於在日文當中，把蜘蛛也稱為「蟲子」，因此有許多人以為蜘蛛也是昆蟲的一種。但事實上以生物學來說，蜘蛛屬於「節肢動物門—螯肢亞門—蛛形綱—蜘蛛目」。也就是說，蜘蛛這種生物是自成一格。

給我等等！你剛才對我做了什麼！

　　所謂的昆蟲都具有六隻腳，且身體是由頭、胸、腹三段構成；另一方面，蜘蛛卻擁有八隻腳，牠們只有頭部和腹部，並沒有胸部，而且頭部和腹部的分隔線也非常不明確。

蜘蛛絲比鋼鐵更堅硬

　　大家都知道，蜘蛛是非常優秀的獵人。牠們最擅長使用的獵捕方式，就是「張開蛛網等待獵物上鉤」。

　　用來打造蛛網的，就是蜘蛛絲。而蜘蛛絲是非常厲害的纖維，蜘蛛絲比同等粗細的鋼鐵還要堅硬，而且重量只有鐵的 $\frac{1}{5}$ 左右。據說，只要直徑 4 公分的蜘蛛絲就能夠用來提起波音飛機。由於蜘蛛絲實在是太強悍了，有時就連麻雀被蜘蛛網勾到，都有可能脫不了身。

　　另外，蜘蛛絲也有許多種類。有些碰到水之後會變長或者變短、也有拉動之後長度就會延伸的種類，蜘蛛會依情況決定使用哪一種。蜘蛛絲既強悍又具柔韌性，是同時兼具兩種特質的材料。

在巢中掛垃圾的垃圾蜘蛛

　　本文中被寄生蜂寄生、還遭對方操控的是塵蛛中的「假銀塵蛛」，這是一種體長約 3 公厘左右的小蜘蛛。牠們的腹部閃爍著銀白色的光輝，就像是貼著鋁箔一樣。

　　塵蛛在日文中稱為垃圾蜘蛛，是因為牠們會將垃圾吊掛在自己的巢穴當中。塵蛛會將吃剩的食物屑、蛻下的殼等垃圾直直排在圓形蜘蛛網中央，然後平常就在巢的中心彎起腳來發呆，用垃圾擋住自己。

　　但蜂類中的蛛蜂科物種會找出隱身在垃圾之後的塵蛛，並且寄生在牠們身上。

　　蛛蜂會試著在塵蛛身體表面產卵，但要是塵蛛過於躁動，那就無法把卵產在正確的地方了。因此，蛛蜂會趁著塵蛛一個不注意，先將牠麻醉，等塵蛛動彈不得以後，再悠哉地產下一個卵。

● 就算被寄生，還是一如往常地生活

　　沒過多久，塵蛛會從麻醉中清醒，接著若無其事地過著一如往常的生活。牠們每天都會修補蛛網，讓網子保持完美的形狀，並捕食勾到網上的小蟲子。但是此時，牠的身體表面已經附著了一顆蛛蜂卵。

　　經過幾天以後，蛛蜂的卵孵化，幼蟲也從裡頭爬了出來。之後蛛蜂幼蟲就會抓緊蜘蛛體表，從體外吸食蜘蛛的體液長大。蜘蛛雖然每天被吸食體液，卻還是過著毫無變化的日子。

　　利用活蜘蛛有幾個好處：不殺死蜘蛛而慢慢吸食體液的話，在蜘蛛還活著的時候，蜘蛛會保護自己不受外敵攻擊，因此緊抱著蜘蛛不放的蛛蜂幼蟲也就能夠平安無恙的順利長大；另外，讓蜘蛛繼續進食，也才能夠維持蛛蜂幼蟲所需要的體液量。

　　但蛛蜂幼蟲終究不會讓蜘蛛活到最後。在牠化為蛹以前，就會將宿主蜘蛛的體液吸乾，並殺死牠。

　　不過在那之前，蛛蜂幼蟲會將某種物質注射到即將死去的蜘蛛體內，以操控宿主蜘蛛，令牠重新改造蜘蛛網。蜘蛛原先為了捕蟲，會打造出螺旋狀的纖細蛛網，但在被注射之後，會逐漸替換為以少數蛛絲支撐中心的形狀。而且蜘蛛絲的數量雖然減少，卻會在網上額外掛上像棉絮一般的裝飾。

● 操控蛛網形狀的理由

　　蛛蜂幼蟲長大後，為何要讓蜘蛛將網重新打造成這樣的形狀呢？當然，這是為了讓牠自己能順利活下去。

　　長大的蛛蜂幼蟲在羽化為成蟲以前，必須要化成蛹。在蛹期因為動彈不得，是最沒有防備、最容易遭遇危險的狀態，何況蛛蜂得在這種極其危險的狀態下，掛在蜘蛛網上度過十多天。

　　另外，蜘蛛網原先的主要用途為捕蟲，非常纖細脆弱，只要有風雨吹過或者飛翔生物路過，就很容易會破壞掉部分網子。若宿主蜘蛛還活著，那還能幫忙補修網子，但蛛蜂偏偏得在自己結成蛹之前殺死宿主才行。蜘蛛網的戶長蜘蛛死了以後，就沒有辦法補修網子了，這個網很快就會損毀。為了解決這個問題，蛛蜂幼蟲在殺死蜘蛛以前，得先讓牠打造出一個堅固的網作為巢穴才行。

　　實際上，根據神戶大學研究團隊測量蜘蛛遭到操控後所打造出來的絲線強度得知，蛛蜂操控下打造的蜘蛛網與蜘蛛自己脫皮時準備的「休息網」相比，外圈強度是 3 倍以上，中心的強度則是 30 倍以上。

● 蜘蛛絲上要沾黏棉絮裝飾的理由

　　宿主蜘蛛遭到操控以後，會打造出堅固的網子，還會在直線蛛網噴上些許棉絮狀的絲線，做成彷彿棉花般的裝飾。這種裝飾當然也有非常重要的功效，就是為了反射紫外線。

　　人類的眼睛雖然無法看見紫外線，但是鳥和昆蟲卻都能夠看見。也就是說，這種裝飾具備了一種信號般的功效，是為了避免飛行中的鳥類或昆蟲誤撞上這個巢穴。

● 宿主蜘蛛的可悲結局

　　宿主蜘蛛製作出一個蛛蜂在化為蛹期，依然能夠維持原樣、不易損壞的堅固網子以後，就用不著牠了。這個時候，蛛蜂幼蟲已經成長到和宿主蜘蛛差不多的大小。

　　接下來蛛蜂幼蟲就會殺死蜘蛛，然後離開蜘蛛體表化蛹。不過這樣一來，牠就得靠自己的力量從蛛網上垂掛下來，但是此時的蛛蜂幼蟲並沒有腳，那牠們究竟是如何完成的呢？

　　這個時候，我們就能看見蛛蜂幼蟲驚人的技藝了。當蛛蜂幼蟲準備殺死蜘蛛的時候，背上會出現一種像是魔鬼氈的纖維刺毛。接下來，蛛蜂幼蟲會把牠原先死纏不放的蜘蛛體液吸的一滴不剩，而蜘蛛也就此死去。拋棄那隻蜘蛛的屍骨以後，蛛蜂幼蟲就會用背上的纖維刺毛慢慢垂降到蜘蛛網上掛好，結成一個蛹。

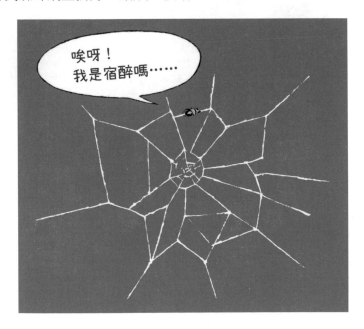

消失的夥伴

【一隻老鼠的故事】

我們老鼠似乎不太受你們人類歡迎啊！

哎呀，也不是不能理解啦！

天冷的時候，我們會造訪你們的天花板，母老鼠還會在那兒生下許多孩子呢！

為了活下去，我們當然也得吃東西，偶爾也會到你們的廚房借一些。

我們一天得要吃下體重三分之一重量的食物才行，算是食量比較大啦！但是你們擁有那麼大量的食物，這點小東西應該算不了什麼吧？

在我們眼中，你們人類可是巨人。畢竟你們體重有我們的 300 倍以上欸！你能想像比自己大上 300 倍的生物嗎？

這樣啊……現在地球上沒有人類 300 倍大的生物。

陸上最大的大象約是 10 噸，算來不過是你們人類的 150 倍左右吧？

總之我想說的是，在我們眼中，你們人類是巨大而恐怖無比的生物，希望你能明白這一點。

畢竟我們只是在如此巨大的你們家中找個縫隙生存，所以希望你們可以多少寬容一點啦！

你們因為覺得無法忍受我們的腳步聲和體臭之類的，就放些毒餌、還會設陷阱對吧？但是光憑那些方法就想趕跑我們，可是沒什麼用的唷！

畢竟我們老鼠有各種人類不具備的能力，能夠迴避許多危險。

首先，我們耳力好得很。

憑著這對耳朵，我們能預測危險並趕緊逃命，還能順利捕獲食物。

而且，我們也能聽見你們人類聽不到的超音波，所以平常我們對話也都是靠超音波喔！正因如此，你們雖然聽見了我們的腳步聲，卻不常聽到我們的叫聲對吧？

　　我們厲害的還不只有耳朵唷！我們的味覺和嗅覺也比你們優秀多了。
　　所以毒餌什麼的，我們可是一眼就能看穿啦！
　　即使如此，你們人類還是會想方設法地想要殺死我們、趕走我們，實在是非常討厭。不過我們更討厭貓。

　　就某些方面看來，貓實在比你們人類還要棘手。
　　牠們運動能力超群、是天生的獵人，耳力也非常好。所以要是被牠們發現了，若沒能運氣好到可以瞬間躲進狹窄縫隙當中，那就只能做好大難臨頭的心理準備了。

　　貓這種動物啊，雖然真的是沒什麼體味，不過牠們的尿真是臭死了。
　　所以我們會善加利用自己優秀的嗅覺，只要發現有貓尿臭味之處，我們是絕對不會接近，並隨時提高警戒。畢竟這樣才能保全自己的性命。
　　即使如此，有時候夥伴當中還是會出現一些奇怪傢伙，像宿醉一樣路走得歪七扭八、動作也非常遲鈍。
　　偏偏就是這些傢伙，會說些大話，像是什麼：
　　「老子是老鼠！才不怕什麼貓呢！」
　　還刻意跑到那些有貓尿臭味的貓地盤去。

　　這種傢伙的下場不用我來說，大家也很容易明白吧？
　　當然，牠們再也不會回到我們身邊了。

寄生性原生生物弓形蟲

刻意引導宿敵將自己吞下肚的
高明感染方式

能讓老鼠無懼
貓的寄生蟲

◆ 老鼠令人驚愕的能力

先前我們已經介紹了各式各樣的寄生生物，雖然故事中的受害者都是其他生物，但牠們並非都與我們人類無緣。接下來，就來談談一些人類也有可能感染的寄生生物吧！首先登場的是「弓形蟲」。

咚咚咚咚咚、咚咚咚咚咚。

有時似乎會在天花板上聽到有小動物來回奔跑的聲音，沒過幾天就發現，房子裡充滿了老鼠特有的強烈糞尿臭味。於是，為了驅逐老鼠們而灑上毒餌、在天花板裡安裝那種會發出老鼠討厭聲音的超音波機器、堵住老鼠進來的路線、燻蒸等。但不管採取多少對策卻都沒有效，每到夜晚還是會聽見那惱人的奔跑聲，且對於強烈的惡臭感到萬分苦惱。想來有這樣經驗的，應該不是只有我吧？

　　老鼠的身體雖然很小，但牠們有著優秀的能力，能夠穿過人類擺設的陷阱，悠悠哉哉地一直居住在別人家天花板上。在我們談論那種能改變老鼠行為的寄生蟲前，先介紹一下老鼠令人驚訝的能力吧！

　　據說老鼠的聽力比貓、狗都還要優秀，能夠聽見頻率超過 20000 赫茲以上的超音波。憑藉著這種優秀的聽力，牠們能夠區分出各式各樣的聲音，並且用來預測、迴避各種危險。市面上也有一種能夠趕老鼠的超音波工具，就是針對牠們的聽覺所開發出來的。這種機器能夠一直發出會讓老鼠覺得吵雜的超音波，藉此將牠們趕出家中。

　　另外，老鼠的體毛及鬍鬚都能夠敏銳偵測周遭的震動及障礙物，因此能夠盡早發現危險，迅速遠離現場、保護自己。運用這項能力，牠們就能夠偵測到黏鼠板這類用來抓老鼠的工具，快速逃離。

　　老鼠的味覺以及嗅覺也非常優秀，再加上牠們在進食時，會有先淺嘗，確認該食物沒問題後再大口享用的習性，因此就算是放了添加毒藥的餌食，牠們也會在聞氣味或者淺嘗後，就知道那是不該吃的食物。老鼠用來感受氣味的嗅覺受器據說超過了一千種，可說其嗅覺能力至少是人類的 3 倍以上。

　　老鼠的聽覺、觸覺、味覺及嗅覺都十分優秀，警戒心也很強，但是目前已知有種寄生蟲能夠改變牠們的行為。那種寄生蟲是非常小的微生物，叫作「弓形蟲」。

老鼠、貓、人類都會感染弓形蟲

　　弓形蟲是頂複合器門—類錐體綱—球蟲目的一種寄生原生生物。牠們是寬 2 ～ 3 微米、長 4 ～ 7 微米的半月形單細胞生物，包含人類及老鼠在內，幾乎所有哺乳類及鳥類牠們都能寄生，引發弓形蟲症。

　　雖然老鼠、貓及人類都會遭到這種寄生蟲感染，但是感染途徑並不包含人傳人。人類會遭受感染，是因為吃下遭到弓形蟲囊體（被膜層包覆的休眠中原蟲）汙染的動物生肉；或者是接觸到染病貓的糞便、混有此類糞便的泥土等後，未經洗手就進食導致的經口傳染。

　　自口部進入身體的弓形蟲會從消化道管壁侵入細胞，並開始分裂，大幅增加數量。人體為了排除侵入體內的弓形蟲，會產生免疫反應。這種情況下，弓形蟲就會躲進中樞神經系統或者肌肉組織裡面，轉為囊體形態。維持囊體形態的弓形蟲就可以躲在安全的膜壁當中，不會遭受免疫系統攻擊，因而存活下來。

　　但是人類就算感染了弓形蟲，有些人的健康也完全不受影響；就算是會受影響的人，其症狀也只是類似輕微感冒罷了。但若是在懷孕期間初次感染就有可能產生嚴重的後果，弓形蟲會通過胎盤轉移到胎兒身上，若是胎兒感染，腦部及眼部很可能會因此受到損傷。

　　全世界約有 $\frac{1}{3}$ 的人都曾感染此種寄生蟲，據說日本也約有 10% 的人受到感染。

　　弓形蟲幾乎能夠感染所有哺乳類及鳥類，但這些都僅是中間宿主，牠們最後須抵達、在該處進行生殖的最終宿主只有一種，那就是貓。也就是說，牠們將人類或老鼠等哺乳類當成移動到貓身上的媒介。

操縱老鼠的行動使自己容易被貓吞下肚？

　　弓形蟲的最終宿主為貓。雖然弓形蟲幼體能夠在人類或老鼠等中間宿主的體內長大，但成長到可進行生殖工作的階段，就需要移動到最終宿主的身上，進行有性生殖。也就是說，牠們必須配合自己的成長階段更換寄生的宿主，否則就無法好好成長、完成繁殖工作。

因此弓形蟲在成長時期，雖然棲身於中間宿主的老鼠體內，但為了要移動到貓體內，弓形蟲就會改變宿主老鼠的行為，讓牠們更容易被貓吞下肚。

從過往的研究當中已經得知，感染弓形蟲的老鼠為了使自己更容易被貓吃掉，對危機的反應速度會變慢，並且彷彿受到貓尿液吸引般，在附近徘徊。而行動上則會顯得有氣無力，也不再害怕危險。

原先研究者一直不明白為何老鼠的行動會有這些變化，但在2009年時，英國研究團隊發表的研究結果，提供了解開這個謎題的線索。

分析弓形蟲的 DNA 之後，得知弓形蟲具備了某個可製造特殊酵素的基因，而這種酵素與腦內物質多巴胺的合成息息相關。多巴胺又被稱為快樂荷爾蒙，是能夠強烈影響快樂、探索心、冒險心等情緒的腦內物質。

也就是說，被這種原蟲寄生的老鼠腦中會分泌大量的多巴胺，因此行動時會充滿自信與冒險心，且不再有任何恐懼感，造成牠們出現無所畏懼、不害怕貓的行動。

侵入腦部的弓形蟲

關於弓形蟲是如何操控老鼠的行動，之後還有更詳細的研究，觀察到牠們會隨著宿主的免疫細胞在宿主腦內移動。

如同先前所說明的，弓形蟲是經由口部攝食造成感染，但宿主身體也不會輕易允許牠們入侵。一般來說，從口部入侵的寄生蟲、病原菌等，都會立即被宿主的免疫機制排除，讓感染不至於擴散到全身。但弓形蟲自宿主的口部入侵以後，就會擴散到全身，並且占領腦部。

　　事實上，能夠抵達宿主腦部的寄生蟲及病原菌非常稀少。腦部對於動物來說是身體的中樞，是非常重要的器官，因此在腦部有一個叫做血腦屏障的結構，就是專門用來守護這個重要器官的關卡。

　　人體中，除了腦內以外的微血管，在管壁細胞與細胞之間有著非常大的空隙，即使是比較大的分子也能夠通過。但是腦中的微血管壁內側細胞排列得非常緊密、毫無空隙，這種結構只允許胺基酸、醣類、咖啡因、尼古丁、酒精等部分物質通過，如此一來才能夠保護腦部不受到大分子、病原菌、寄生蟲等有害物質損害。

　　儘管如此，弓形蟲卻仍然有辦法侵入腦部。牠們使用的方法目前尚未完全解析出來，但是有一部分已在 2012 年，由隸屬瑞典卡羅林斯卡學院感染醫學中心的研究者安東尼奧・巴拉甘 (Antonio Barragan) 的團隊所發表。

　　此研究團隊在檢視受到弓形蟲感染的實驗用大鼠時，發現應該要攻擊並殺死寄生蟲的免疫細胞內有弓形蟲棲息。此種免疫細胞為血液中白血球的一種，由於形似樹木而被稱為「樹突細胞」，這些細胞一般是負責免疫系統的守門員工作。但是弓形蟲卻利用這種原先應該要負責排除寄生蟲的免疫細胞，在宿主的體內移動，最終來到宿主的腦部。但是，牠們究竟是如何才能把免疫細胞當成便車來使用呢？

　　免疫細胞在沒有受到刺激的情況下並不會移動。受感染初期的樹突細胞並不會發現自己已經被感染，因此只會靜靜待在原地，而弓形蟲也沒辦法直接操控免疫細胞，使其移動。那麼，究竟是什麼作用機制，使得樹突細胞開始移動呢？

　　研究團隊根據研究的結果，獲得了一些可以證明此現象與GABA（γ-胺基丁酸）這種腦內物質有關的證據。GABA是一種負責在神經訊息傳遞時踩剎車的抑制性神經傳導物質，與許多腦部機能相關。

　　某個零食大廠也使用了此物質來為自己生產的商品命名 ❶，並在宣傳上表示，食用含有GABA物質的巧克力便能使心靈沉靜，具有抗壓、放鬆等效果。但是，經由口部攝取的GABA其實並不會直接對腦部產生作用，因為GABA根本無法通過腦部微血管的血腦屏障。

　　如前所述，分子要進入到腦部就必須通過血腦屏障，而經由口部攝取的GABA由於分子量過大，根本無法跨越血腦屏障。我們腦內所存在的GABA均是透過一種能夠穿過血腦屏障關卡的胺基酸原料——麩醯胺酸，在腦部裡面進行合成的。

　　話題扯遠了，總之研究團隊在感染弓形蟲的宿主樹突細胞當中發現了這種腦內物質GABA。也就是說，弓形蟲感染樹突細胞之後，就會控制它使其開始分泌GABA，而所分泌出的GABA就會刺激樹突細胞外側的GABA受體，使這些受到弓形蟲感染的細胞移動能力開始活化 ❷。這個現象已經由細胞培養所進行的實驗得以證實。另外，由其他實驗也已經確認，如果使用藥劑來抑制體內GABA的分泌，感染了弓形蟲的樹突細胞移動能力將不會提高，侵入腦部的弓形蟲數量也因而減少。

---

❶ 此指日本固力果(Glico)公司製造販售的 "GABA" 系列巧克力商品。
❷ GABA作為神經抑制物質，對神經系統與腦部具有舒緩、放鬆的效果。而GABA也與免疫系統關係密切，可調控細胞激素的分泌、細胞的增殖、細胞移動等。

由此結果看來，這種利用 GABA 移動的機制，可能源自弓形蟲迫使被其感染的樹突細胞製造出 GABA，而非樹突細胞察覺受到感染而引發的免疫反應。弓形蟲就藉由操控 GABA 的分泌，活化樹突細胞的移動能力，在宿主體內移動，最後到達腦部❸、進而操控腦部。

GABA 是抑制性的神經傳導物質，若是腦中 GABA 的量增加，就會感到放鬆，而恐懼感與不安感也會下降。由此推測，感染了弓形蟲的宿主，對於恐怖的感受性會降低，可能也是因為分泌 GABA 的免疫細胞移動到腦部，提高了腦部 GABA 的濃度。

由此可見，渺小到肉眼所不能見的微生物弓形蟲，具備了極為高超的技巧，能夠操控宿主的行為，使其行為模式改變為對自己有利。其實這樣的行動操控並不僅限於老鼠身上，就連人類都會受到影響。

❸血腦屏障可允許自身的免疫細胞通過，以進入腦部進行免疫反應。

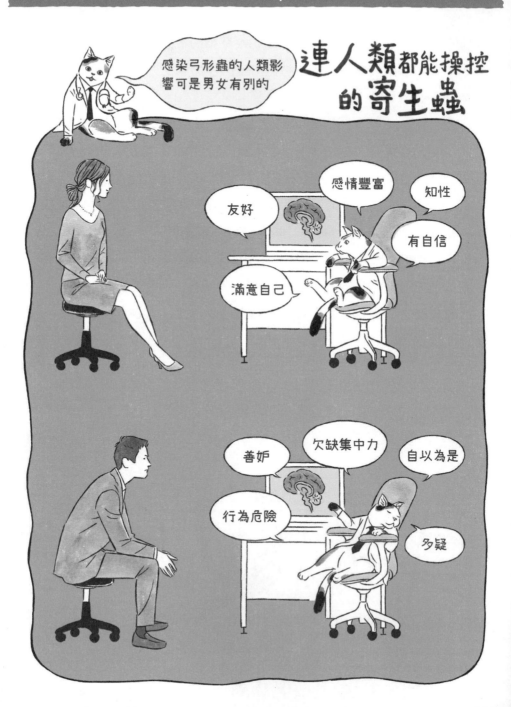

煩　躁

【一個人類的故事】

理沙子那傢伙，說什麼我變得很容易生氣、又容易嫉妒。

人家不是都說結婚第三年是最危險的嗎？

我每天都要工作啊！雖然從結婚的時候就一直都是這樣啦⋯⋯

話說回來，那傢伙就算我工作到很晚才回家，也還是一臉平靜幸福的樣子。

雖然同事們都說你有個好老婆呢！但我總覺得哪裡怪怪的。

所以我趁她去洗澡的時候，打算看她的手機。

因為一直試圖解鎖卻失敗，就跑出了警告訊息，結果被她發現我想看她的手機。

那傢伙平常可都是溫順到令人感到擔心的，現在居然用奇怪的眼神看向我，說什麼「你身體不舒服嗎？」

竟然對我說這種話！

我默默瞪了她一眼，猛然關上門、把自己關在房內。

過了一會兒，我的房間門外傳來喀沙喀沙的搔抓聲。應該是理沙子半年前撿回來的那隻黑貓。

稍微打開房門，貓喵喵叫著將尾巴捲上我的腳，用牠那彷彿金色玻璃珠般的眼睛望著我。

因為理沙子非常堅持，我只好同意她養貓。但是現在貓卻反而比較黏我。

事實上每次我覺得煩躁不已的時候，牠總是會來房間看我。

第二天早上，我在理沙子面前還是有些不悅，準備要去上班。

結果理沙子竟然說：「欸，你最近真的怪怪的。我不是只有說昨天的事情。你在開車的時候也好容易因為小事覺得煩躁，上星期不是還繳了一張超速罰單嗎？要不要去看個醫生啊？」

到底在說什麼傻話。啊——真是愈想愈生氣。我到底哪裡奇怪了！

嗶嗶—！！叭—！

搞什麼啦！我當然知道號誌燈轉綠啦！

只是稍微慢了點注意到，幹嘛按喇叭啊！

好，我得下車和後面那輛車說清楚才行！

容易遇到意外？
容易忽然暴怒？
忽然想創業？

人類因遭受其感染而改變，
那寄生蟲的真面目是？

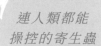

連人類都能
操控的寄生蟲

　　貓有著獨特的柔軟毛皮、優雅的走路儀態、難以捉摸的性格，以及撒嬌時呼嚕呼嚕的聲響。

　　一般認為，貓的祖先是約十三萬年前棲息於中東沙漠的亞非野貓。位於賽普勒斯島的席魯羅坎博斯 (Shillourokambos) 遺跡當中曾發現貓科動物的遺骨與人類埋葬在一起，因此推測約 9500 年前，牠們就已經是人類的好夥伴。

　　古埃及將貓當作神的象徵，加以崇拜；相反地，中世紀歐洲卻認為貓是惡魔及魔女的部下，因此遭到大量虐殺。無論如何，貓想必正是因為具備了神祕的氛圍，才會被認為是神明或惡魔化身的。

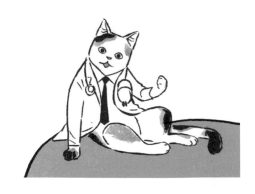

　　好啦，貓在從古至今長約 9000 年的時光中，受到人類喜愛、與人類共享生活空間，我們就來談談牠們身上這種會引起宿主行為變化的微生物──弓形蟲。這種微生物沒有回到貓的體內就無法繁殖，因此若中間宿主是老鼠，就會透過改變老鼠的行為，讓老鼠不再害怕貓而遭到捕食，如此便能回到貓的體內。事實上，弓形蟲除了能夠操控老鼠的行動以外，這類影響也會以其他方式顯現在人類身上。

● 容易遇到交通意外？

　　2006 年於土耳其發表過一項研究，調查過去曾經歷交通意外的 185 位 21 ～ 40 歲的男女駕駛，與未曾經歷交通意外的 185 位相同條件駕駛（對照組）體內，是否具有兩種受弓形蟲感染會產生的抗體。

　　一種抗體為 IgM，這是在感染弓形蟲後一週內就會馬上出現的抗體，但是在感染 3 ～ 6 個月後就會從體內消失，也就是說，有這種 IgM 抗體的人，就表示為最近才感染弓形蟲的初期感染者。另一種 IgG 抗體則不僅會出現在感染初期，而是在治癒後也仍會出現，因此擁有這種抗體，就表示為曾經感染過弓形蟲的人。

　　這份論文當中指出，曾經歷交通意外的人當中，有 3.24% 的人體內有 IgM 抗體，也就是可能為弓形蟲初期感染者；但是居住在當地相同年齡層的未經歷交通意外對照組當中，擁有此種抗體的人比例僅有 0.54%，兩者差距高達 6 倍。

　　另外，這些抽樣個體內具有過去曾經感染弓形蟲的證據──IgG 抗體的人，在曾經歷交通意外的該組中占了 24.3%，也就是 4 個人當中就有 1 人曾經感染弓形蟲；而在對照組中，僅有 6.5% 體內有此種抗體。

　　由這些事實可知，感染弓形蟲可能與發生交通意外的危險性有正相關。在考量防止交通意外的策略時，也許可以將駕駛是否感染弓形蟲一事列入潛在考量。

　　另外，2009 年捷克布拉格中央軍事醫院針對前來進行定期檢查的 3890 位新兵，調查了弓形蟲感染與 Rh 血型之間的關聯。Rh 血型分類系統是以紅血球表面有無 RhD 抗原來判斷，與我們熟知的 ABO 血型分類系統不同。

　　調查結果發現，感染弓形蟲且血型為 Rh 陰性的士兵，發生交通意外的次數是未感染弓形蟲且為 Rh 陽性士兵的 6 倍之多。血型為 Rh 陰性，就表示血球上不具有 RhD 抗原，這樣的體質是否會與弓形蟲寄生產生某種關係而提高意外發生的機率，目前尚無定論，但非常明顯地，兩者之間絕對有某種程度的影響。

弓形蟲與交通意外之相關性

　　為何感染弓形蟲就容易引發意外呢？普遍認為理由之一是感染弓形蟲之後，對事情的反應會慢了一拍的關係。在單純測量反應時間的實驗當中，發現在年齡層相近的人之中，感染弓形蟲者比未感染弓形蟲者反應時間稍慢。

容易忽然暴怒？

　　另一方面，弓形蟲似乎也會對人類的心理層面造成影響。

　　芝加哥大學從 1991 年就開始進行研究，並在基礎研究發表的論文當中提出關於容易暴怒的人與感染弓形蟲之間的關聯。

　　該實驗在報紙雜誌上刊登募集「易暴怒者」的廣告，並以每週或幾個月一次的頻率定期聚集這些易暴怒者。此實驗要求的「易暴怒者」須符合是沒有併發憂鬱症、精神不安等疾病的條件。他們必須是平日相當正常，但會因為某個契機就忽然暴怒、完全不受控制的人。

　　在此項調查當中，發現「易暴怒者」與「普通人」之間受弓形蟲感染的比例是天差地遠。在「易暴怒者」與「普通人」共計 358 人當中，「普通人」感染弓形蟲的比例只有 9%；但是「易暴怒者」的感染率卻高達 22%。另外，若受到弓形蟲感染，不管是「易暴怒者」還是「普通人」，其怒氣與攻擊性的程度都有著升高的傾向。但是，轉為憂鬱症或精神不安症的傾向卻不會增加。

　　如果弓形蟲確實會對心靈造成傷害，那麼機制主要有兩種假設。一個是感染過弓形蟲以後，牠們就不會完全從體內消失，只是被免疫系統壓制著，因此若身體由於某些原因造成免疫系統虛弱，體內的弓形蟲就會再次活化，進而對心靈造成影響。另一個假設則是，在感染弓形蟲以後，免疫系統為了抑制感染而長期持續地運作，結果造成疲勞狀態而對心理狀態產生不良影響。

　　但只有這樣，並不能證明弓形蟲一定會引發人類暴怒。我們只能推測，人類會有突發性怒氣，很可能和弓形蟲感染有某種關係。

感染影響男女有別：男性嫉妒心重、女性情感豐沛

　　有些研究結果指出，弓形蟲的慢性感染會使人類的行動及人格產生變化，並且這些變化在男性與女性身上有所不同。

　　受感染的男性會出現缺乏集中力、容易做出危險行動、自以為是、猜忌心強、善妒等的傾向；另一方面，受感染的女性則會較為外

向、更加知性友善、對自己感到滿意、有自信、重視社會規則，傾向於變得感性、感情更加豐沛。而男、女的共通點則是，受感染者會比未受感染者更容易感受到不安。

讓人產生「想創業、就是想創業！」念頭的微生物

2018 年美國研究團隊發表的一份報告指出，感染弓形蟲的人對於想創業的念頭較為強烈。研究調查對象為 1500 名美國大學生，主題是針對他們受到弓形蟲感染的情況與想創業念頭之間的關聯；另外，該研究還分析了全世界共 42 個國家，過去 25 年關於弓形蟲感染的數據與各國創業情況的相關性。

從美國大學生的研究結果發現，由唾液檢查判斷感染弓形蟲的學生，與未感染的學生相比，選擇商業科系的比例高了 1.4 倍；而他們主修的商業科目中，選擇經營及創業相關課程的人數比例則是選擇會計與財務課程的 1.7 倍。

另外以各國數據比較來看，弓形蟲感染率高的國家，在問卷中會回答「容易因為『害怕失敗』而妨礙創業」的人比例非常低，因此可知，弓形蟲感染率愈高，有創業意願的傾向也就愈高。

感染弓形蟲的老鼠不害怕貓、會做出無所懼的舉動，而感染弓形蟲的人類，在情感上也或許會發生相同的狀況。從這些研究結果看來，受感染後很可能人格、性格及情感都會受到影響，同時也會因為不知道自己的想法及情緒是受到什麼東西的影響，而容易感到不安。

變　異

【一隻狗的故事】

「小白……」

剛剛還一抖一抖地痙攣、口中喃喃低吼的小白停下了動作。

我凝視著一動也不動的小白，膽戰心驚地將手伸向小白的頸邊，用指尖輕撫著埋沒在小白長長毛下的紅色皮革項圈。

但是不管再怎麼碰小白的身體，牠都不會動了……

牠終於不再痛苦了。

當初我認為這紅色項圈絕對非常適合全身白皙的小白，因此無論如何都要買下來。現在它已經褪了色、皮革也多處剝落。

我已經不太記得第一次見到小白的事情了。

但是有如白色巨大布偶的小白，不管是在我被母親生氣責罵而哭泣的時候，還是被朋友排擠而哭著回家的時候，或者因發燒而在惡夢中呻吟的時候，牠總是會用那圓滾滾的眼睛望著我、待在我身邊。

我們一起走過許多路，而且總是在一起玩耍。

晚餐桌上若是有討厭的青椒，我會偷偷丟到桌子底下，小白就會幫我吃掉。

因為我是獨生女，所以不知道有兄弟姊妹會是什麼樣的感覺，但我想，小白應該就像是我的兄弟一樣吧？

不管是有討厭的事情、還是我在哭泣的時候，只要小白吐著舌頭一臉笑容，我就會覺得自己討厭的事情都飛到九霄雲外。

但我眼前的小白，已經不再是那個小白了。

　　牠的毛因為被口水沾溼而黏在身上，看起來就像倉庫裡老舊的拖把。

　　牠的牙齒都脫落了，舌頭也從滿是血腥的嘴裡掉了出來。

　　會這個樣子，一定是我的錯。

　　那天我和小白在平常散步的路上走著。

　　小白在我從學校回來後，就一直在我身邊繞來繞去、想要出去散步。

　　要是我能再早 10 分鐘走出家門，就不會遇到那條狗了。

　　那條狗忽然就從我們散步路線旁邊的竹林竄了出來。

　　牠有點瘦、毛都黏在身上、髒髒的，嘴巴張開著看來有些痛苦，還一直流口水，看起來就很奇怪。

　　是走失的狗嗎……？

　　正當我這麼想著，那隻狗忽然朝著我低吠，呲牙咧嘴地朝我衝過來。

　　會被咬！

　　我忍不住蹲下來縮起身子保護自己。

　　但是身體卻沒有感受到任何疼痛。

　　「汪嗚！！」

　　睜開眼一看，小白就擋在蹲下的我身前，但牠頸邊的白毛已被血染成了紅色。

那隻狗又發出低鳴，打算要再咬小白。

「小白，快跑！」我用力拉著牽繩和小白一起狂奔了起來。

那隻狗雖然有追來，但因為腳一跛一跛的，所以跑起來搖搖晃晃非常不穩。因此我們也才能平安無事地回到家裡。

我帶著小白到醫院去，請他們治療牠被咬的傷口。

過了幾天以後，傷口就癒合了，我們也可以再去散步了。

但是過了兩個星期左右，小白卻突然不吃東西了。

牠完全不吃不喝，嘴裡還吐著泡沫、不停地滴著口水。

而且小白以前從來不會對我生氣或者低吼的，但現在卻會朝我呲牙咧嘴，甚至看到我就想要咬。

牠的樣子，看起來就像那天從竹林裡衝出來的奇怪狗狗——我一邊想著，一邊用力壓緊手指上在昨晚被小白咬到的小小傷口。

感染者幾乎 100% 都會死亡

狂犬病病毒的威脅

占領腦部
使其凶暴化的
寄生病毒 1

讓溫和的狗搖身一變成為瘋狗的寄生病毒，那就是狂犬病病毒。感染這種病毒的狗會遭到病毒操控，因此一直流著口水並且低吼，也會變得非常具有攻擊性而去啃咬人類或其他動物。其實不僅是狗，感染這種病毒的生物由於腦部遭到操控，均會毫無理由的湧現怒意，並且為了讓其他生物也被感染，因此試圖去咬其他生物。

在殭屍電影中，被殭屍咬到的人類也會變成殭屍，並因而失去原先的人性，且動作詭異、狂暴異常，還會試圖去咬其他人類。我們印象中的殭屍似乎都是這個樣子。這種所謂殭屍的特徵，與感染狂犬病的症狀非常相似。狂犬病除了感染狗以外，也會感染人類。當然，除了狗和人類以外，所有哺乳類都會遭到感染。而且一旦發病以後就沒有治療方式，幾乎 100% 會死亡，是極度危險的傳染病。

在至少三千年以前，巴比倫人就已經知道狂犬病會由狗傳染給人類。但是直到現代，仍然無法撲滅這種傳染病，人類依然受到該種疾病非常大的威脅。全世界每年約有 55000 人死於狂犬病。

　　大多數因狂犬病而身亡的都是小孩子。疑似遭到感染狂犬病動物咬傷的人當中，有 40% 皆不滿 15 歲。而受狂犬病威脅的地區，有 95% 以上均位於非洲與亞洲。雖然在日本國內近期並未發現病例，但是在明治到大正時代，也曾苦於狂犬病的蔓延。

瘋狗就該打死！日本的狂犬病

　　日本狂犬病的紀錄基本上出現在 18 世紀以後。明治時代狂犬病忽然流行起來，傳染範圍不斷擴大。為了抑制狂犬病流行，東京府在 1873 年訂立了畜犬規範，明文規定飼主必須殺死家中的狂犬；若道路上有出現狂犬，包含警察在內的所有人皆可直接撲殺之。但在規範頒布後，日本各地仍有狂犬病流行，每次都造成犬隻遭到大量撲殺。

　　進入 1910 年代後，由於開始進行團體預防注射，狂犬病病例便開始減少。於 1956 年的病例紀錄，是至今為止最後的日本國內病例。

　　現在日本被認定為沒有狂犬病的國家，不過近年來還是曾發生過外來病例。2006 年，有兩位男性日本人在菲律賓被狗咬傷，回國後因感到身體不適而住院，但由於當時已經發病，最後還是不治身亡。

造成凶暴的病毒

　　引發狂犬病的是桿狀病毒科—麗沙病毒屬的病毒。這種病毒名稱中的麗沙是源自梵文中表示「凶暴」意義的詞彙。

　　題外話，病毒這種東西在生物界當中算是非常詭異的東西。與其說病毒是生物，它們其實更接近物質。目前一般認為它們是介於生物與非生物之間的東西。由於病毒自己沒有自己的胞器，因而也無法像一般的生物那樣呼吸、代謝或排泄，當然也無法製造能量。

　　另外，所有生物均可以透過細胞分裂、生殖等各種方式，使自己增加個體數。但是病毒卻沒有辦法複製自己，那麼它們要增殖的話該怎麼辦呢？那就必須入侵其他生物的細胞，並想辦法占用那些細胞的胞器之後，讓細胞製造自己的複製品。也就是說，它們就算要複製自己或增殖，也都必須仰賴其他生物，這點和其他生物是完全不同的。

溫和的狗成為狂犬的過程

　　通常會感染狂犬病是由於被已感染的動物咬傷所導致。病毒會從咬傷口入侵，但並不會馬上發病。在傷口的病毒會於肌肉細胞內部進行增殖，然後慢慢入侵運動神經末梢及感覺神經末梢。

　　這些增殖的病毒會經由神經系統擴散到全身，並在神經以外的部位繼續增殖。這樣一來，感染者的唾液、血液及角膜當中都會出現大量的病毒，因而引發各種神經系統的障礙。

　　狂犬病的特殊病徵之一就是一直流口水，因而看起來就像在吹泡泡一樣。這是由於病毒攻擊唾腺以及與吞嚥相關的神經所導致。

　　另外，狂犬病還有個別名叫做「恐水症」。這是由於狂犬病病毒一旦擴散到全身，患者就會出現怕水的症狀，這是因為病毒所造成肌肉痙攣，會使患者在喝水的時候肌肉劇烈疼痛。

　　受到這種病毒感染而發病的狗，大多會變得非常凶暴，不管看到什麼東西都會想咬，當然這症狀在其他的動物身上也會出現，就會造成其他個體遭到感染。如前所述，其他個體的感染對象也很有可能是人類。不過，人類和狗就算感染了同一種病毒，症狀也可能不太一樣。

　　另外，一般雖然認為狂犬病在發病以後死亡率高達100%，不過還是有極為少數奇蹟生還的病例。下一章就將介紹這類的病例。

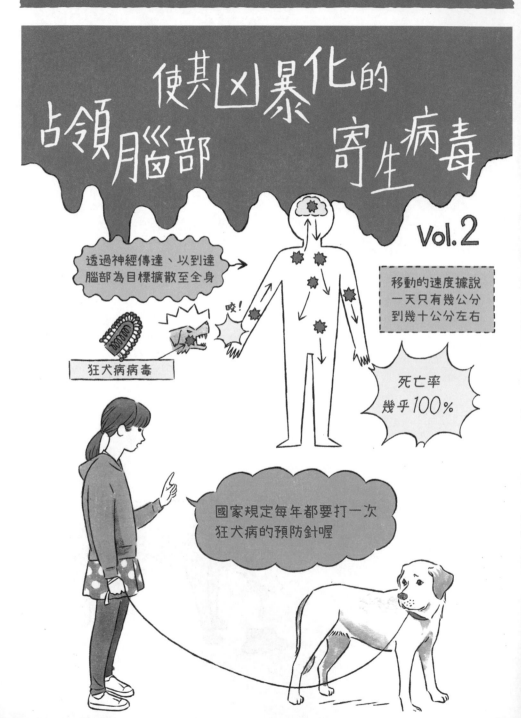

惡 夢

【一個少女的故事】

小白已經不在我身邊三個月了。

我一如往常地去學校上課，也不再像牠剛離開我時，每天晚上都做惡夢了。

夢中的小白總是生病的那個樣子，口水不斷從嘴裡流出來，並且低吼著壓低身體，像是隨時準備抓準時機撲向我。

我總是用兩手遮著臉想辦法要躲開，但小白的尖銳牙齒還是刺進了中指指尖。指尖傳來一陣尖銳的刺痛——

惡夢就在此時結束。

被小白咬傷的傷口明明已經癒合了，但卻一直呈現著噁心的紫紅色。

從惡夢中醒來時，也總覺得那裡像是被燒灼般的疼痛。

這個小小的指尖傷口其實是被小白咬的，這件事情我不敢告訴爸媽。

當小白開始流著口水低吼、想要咬我的時候，爸媽馬上就把牠帶去醫院了。

那個時候我還以為，小白應該只是生了怪病，去了醫院以後一定很快就會恢復成原來的樣子。

但小白才到醫院，就被綁了起來、戴上口罩。

小白雖然動彈不得，卻還是不斷痙攣掙扎、呲牙咧嘴低吼著。

牠雖然看著我，但眼裡卻根本沒有我。

小白的目光漫無目標卻瘋狂而扭曲，這不是我認識的小白。

打了一針以後，牠就不再那樣痙攣，並且身體慢慢失去力氣。最後就再也不會動了。

　　而牠的舌頭從口中垂下，口水也滴滴答答地落到地上——

　　我一直盯著小白那口水往下流的樣子，而那時醫生和爸媽還在不斷追問著我有沒有被小白咬傷？

　　我迅速擋起指尖的傷口，撒了個謊，告訴他們我沒有被咬。

　　幸運的是，中指上的傷口小到只要將指尖併攏就看不到了。

　　這麼小的傷口馬上就會好了，我想應該沒問題吧？

　　如果這個傷口被發現，我是不是會和小白一樣被綑起來，嘴巴也被封住呢？實在太恐怖了。

　　但這小小傷口卻一直發疼。

　　今天我的身體又感到更加沉重，總覺得全身到處都在痛、根本沒辦法從棉被裡爬起來。

　　雖然想呼喚媽媽，喉嚨卻啞到叫不出聲音。

　　我縮在棉被裡過了好一會兒……

　　「呼、呼、呼。」

　　總覺得棉被外傳來了小白的喘氣聲。

　　不對。

　　我發現那是自己因為呼吸困難而下意識喘著氣所發出的聲音。

被蝙蝠感染 !?

少女由狂犬病中生還的奇蹟

占領腦部
使其凶暴化的
寄生病毒 2

✦ 如何感染給人類？

狂犬病病毒能夠感染包含人類在內的哺乳類動物。這種病毒會大量存在於唾液當中，並使受感染的動物變得非常凶暴。而病毒要感染人類，通常是透過人類被咬傷、或者身上的傷口被受感染動物的唾液汙染等。

其他的感染途徑還包括舔拭受感染動物眼睛、嘴巴等處的黏膜而遭到感染；另外也曾有因為進入感染病毒的蝙蝠洞窟中，通過呼吸道感染到狂犬病病毒的案例。

目前雖然還沒有案例顯示，感染狂犬病的患者會和殭屍電影一樣透過咬傷他人使其感染，不過確實有過因移植手術，接受了感染狂犬病的器官捐贈者所提供的角膜、腎臟、肝臟等器官，而造成的人類感染狂犬病病例。

◆ 由感染到發病

　　由傷口等處感染的病毒會經由神經系統試圖抵達腦部，並在移動的同時擴散至全身。狂犬病病毒在體內移動的速度並不是很快，據說速度約為一天幾公分到幾十公分。因此一般來說，被咬的部位距離腦部愈遠，感染之後到發病為止的潛伏期就愈長、發病率也愈低。

　　以狗來說，大約 80% 受感染的病例都會經過 10 ～ 80 天的潛伏期才會發病，最長甚至有潛伏期一年以上的例子。而人類的話，大約有 60% 的患者會在被感染的 30 ～ 90 天之後發病，但是也有過 10 天以內就發病，或者潛伏期長達 7 年才發病的極端案例。

　　順帶一提，目前依然沒有能夠在症狀出現前，有效判斷是否感染狂犬病的方法。

◆ 人類在狂犬病發作後的症狀

　　狂犬病初期的症狀是發燒、頭痛與嘔吐感等，一般認為與流行性感冒非常相似。另外還會有強烈不安感、短暫性精神錯亂、看到水頸部肌肉就會痙攣的恐水症、冷風吹來也會痙攣的恐風症、麻痺、運動失調、全身痙攣等。之後會陷入昏睡狀態，最終因呼吸麻痺而死亡。

　　狂犬病在人類身上發作的時候又叫作「恐水症」，這是因為神經系統遭受病毒感染而變得非常敏感，因此只要想喝水就會因為水的刺激而形成反射，引起強烈痙攣，據說還會因此變得害怕喝水。

　　另外，這類症狀除了水及風以外，也會對光線的刺激產生影響。而且最大的特徵就是，發生這些症狀的時候，患者的意識都是非常清楚的，因此會伴隨著強烈的不安感。

狂犬病有兩種類型——狂躁型或麻痺型

狂犬病的症狀據說可分為狂躁型及麻痺型兩種。狂躁型在狗身上發作，會像一般認知中的狂犬病那樣，行為興奮而具攻擊性，甚至會去咬其他動物。據說大約有 70 ～ 80% 狗的病例都是狂躁型。

另外，若為麻痺型的病例則不太會咬其他動物，也不像狂躁型的狂犬病那樣戲劇化，而是會經過很長一段時間的發病期。在這過程中，患者肌肉會逐漸麻痺、緩緩進入昏睡狀態。

但不管是哪種類型的症狀，目前仍然沒有有效的治療方法能夠醫治發作後的狂犬病，可以算是死亡率幾乎 100% 的可怕疾病。

自狂犬病中康復的少女

若感染了狂犬病，只要在發病之前馬上接種疫苗，並投以免疫血清治療，就能夠防止發病。由於狂犬病的病毒透過神經擴散到腦部需要一些時間，因此免疫血清及疫苗活化免疫系統以後，就可以阻止病毒在腦內增殖，也就不會發病了。另一方面，如前所述，若是病毒已經抵達腦部並開始發病，就沒有其他治療方法，等於是宣告沒救了。

但在 2004 年時，美國有個罹患狂犬病的 15 歲少女病例，在發病後仍然康復了。

那位少女在前往醫院接受診療的時候，已經出現疲勞感、嘔吐、視野混淆、精神錯亂、運動失調等症狀。原本醫師懷疑她是罹患了腦炎，但沒多久症狀就開始惡化，出現唾液過多、左手痙攣等現象。

而且根據少女父母表示，大約四星期前在教會做彌撒時，少女將撞到窗戶因而掉落下來的蝙蝠給拎到外頭時，她的左手大拇指被蝙蝠咬傷了。事實上，在美國不時就會有由蝙蝠傳染狂犬病病毒的案例。

在進行病毒檢查以後，發現少女的血液及腦脊髓液當中都有狂犬病病毒的抗體。從腦脊髓液當中發現狂犬病病毒的抗體，就表示狂犬病病毒已經擴散到少女的腦部。這實在是令人絕望的檢驗結果，畢竟從來沒有被病毒入侵到這種程度還能康復的案例。

但是負責治療少女的醫生並沒有放棄，反而為了拯救少女而開始調查與狂犬病病毒相關的各式各樣文獻，並試著找到能夠治療的線索。在五花八門的文獻資訊當中，他發現狂犬病病毒不會破壞腦部細胞，而只是侵略了神經傳達功能，導致腦部的指令無法到達內臟器官，進而影響心臟的活動及呼吸運動等機能，最終導致死亡。

醫師憑藉這些資訊打造了一個實驗性質的治療計畫。他使用在動物實驗中，確認具有阻礙狂犬病病毒效果的麻醉藥，使病患進入昏睡狀態。這是為了抑制腦部活動，並指望少女自己的免疫系統能夠分泌出抗體來打敗病毒。與此同時，也持續投予抗病毒藥劑進行治療。

結果少女在昏睡了 7 天以後，慢慢開始恢復，並於兩個半月的治療以後，終於成功出院。

這個治療方式日後被命名為「密爾沃基療法 (Milwaukee protocol)」，是治療罹患狂犬病患者的實驗性處置方式。目前曾針對五十多名病患實施，當中有 6 名成功康復了。

● 病毒引發宿主攻擊性的機制

病毒並不具備細胞結構，要將它歸類為生物實在是挺怪的。狂犬病病毒只有 5 個遺傳基因，卻能夠使得具備了高明的免疫以及中樞神經系統控制機制、擁有遺傳基因數超過 2 萬的狗在行動上產生變化。

　　原先我們並不明白，構造簡單的狂犬病病毒究竟是如何奪取宿主腦部，又是如何讓受感染的宿主陷入狂亂的攻擊狀態呢？

　　但於 2017 年，美國的研究團隊發現，與蛇毒具有相同性質的狂犬病病毒醣蛋白序列，會阻礙中樞神經系統當中的菸鹼型乙醯膽鹼受體作用 ❶，這可能就是導致宿主產生攻擊行動的機制。

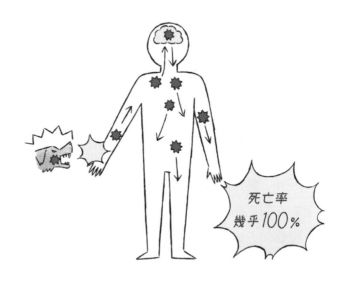

死亡率
幾乎100%

❶菸鹼型乙醯膽鹼受體可接受神經傳遞物質──乙醯膽鹼的訊號，控制肌肉收縮，是
　生物體運動神經元與肌肉之間的重要受器。

後 記

　　地球上的生物在 40 億年漫長的演化歷史中，適應著各式各樣的環境逐漸演化，誕生出超過三千萬種多樣化的生物，彼此間有著直接或間接的關係互相依賴生存。這些關係當中，有些是像本書中介紹的寄生生物那樣，演化出有著奇妙的形體、為了獲得營養而建立巧妙的宿主操控機制、或者為了繁殖而打造出優秀的生存戰略等。

　　現在全世界面臨的危機之一，就是生物多樣性的問題。據說，造成生物多樣性受到危害的最大兇手正是人類。我們智人這一種生物，到了 2020 年族群已經成長到 77 億之多。為了讓大家想像一下這個數字有多麼驚人，我們就用和人類一樣遍布全球，以其驚人勢力繁殖的特殊存在，也就是本書中曾提到的「蟑螂」來比較一下。

　　棲息於全世界的蟑螂總數據說有 1 兆 4853 億隻。也許大家會覺得，真不愧是蟑螂，數量還是比人類多了很多呀！但這是全世界總共四千種蟑螂的合計數字，如果以只有單一物種生物來計算的話，人類可說是獲得壓倒性的勝利。

　　另外，動物的身體愈大，需要的能量也就愈多，單一個體生活所需要的空間也必定更寬闊，因此在地球上的個體數量就會較少。

　　蟑螂和人類的身體大小相差太多，因此我們試著填補這個差距再來看看。地球上所有的蟑螂，如果都是體重和人類需要相同能量的生命體，那麼全世界會剩下多少蟑螂呢？蟑螂的體重若以大約 3 公分左右的黑褐家蠊來計算的話，大概是 2 公克。人類以平均體重 60 公斤

（60000公克）來計算，要達到一名人類的重量，必須要集合三萬隻黑褐家蠊來做成一個身體。

那麼，將地球上共四千種，合計1兆4853億隻的蟑螂合在一起變成人類的大小，總共會是幾個人呢？計算得知，大概是5000萬人。也就是說，把全世界的蟑螂集合起來，也還不到日本一半人口。

我們在生物學分類上屬於智人，再往上一層是「人屬」。現代隸屬於人屬的生物就只有我們，但在過去，人屬曾經具有多達十幾種生物。也就是說，在約2萬年前，曾經有其他和我們看起來極為相似的他種人屬生物存在。而目前認為，造成其他人屬生物滅絕的，正是我們智人。也許我們智人從那時起，就不喜歡生物具有多樣性，且非常排他，因此滅絕了其他人種，進而導致現在地球上就只剩下一種人類，不斷爆發性地增加族群數量。而我們單一物種過度繁殖，就會像過往滅絕其他人屬生物一樣，排擠其他物種。那些在本書中介紹，花費長久歲月演化的獨特生物，都將逐一被我們滅絕。

參考文獻

Case 01　螳螂與鐵線蟲

- Biron, D. G., Marché, L., Ponton, F., Loxdale, H. D., Galéotti, N., Renault, L., Joly, C. and Thomas, F. (2005).　Behavioural manipulation in a grasshopper harbouring hairworm: A proteomics approach. Proceedings of the Royal Society B: Biological Sciences 272: 2117-2126.

- Biron, D. G., Ponton, F., Marché, L. et al. (2006).　"Suicide" of crickets harbouring hairworms: A proteomics investigation. Insect Molecular Biology 15: 731-742.

- Thomas, F., Schmidt-Rhaesa, A., Martin, G., Manu, C., Durand, P. and Renaud, F. (2002). Do hairworms (Nematomorpha) manipulate the water seeking behaviour of their terrestrial hosts? Journal of Evolutionary Biology 15: 356-361.

- Sato, T., Watanabe, K., Kanaiwa, M., Niizuma, Y., Harada, Y. and Lafferty, K. D. (2011).　Nematomorph parasites drive energy flow through a riparian ecosystem. Ecology 92: 201-207.

Case 02 · 03　扁頭泥蜂 1 · 2

- Haspel, G., Rosenberg, L. A. and Libersat, F. (2003).　Direct injection of venom by a predatory wasp into cockroach brain. Journal of Neurobiology 56: 287-292.

- Hopkin, M. (2007). How to make a zombie cockroach. Nature News, 29 November.
- Libersat, F. (2003). Wasp uses venom cocktail to manipulate the behavior of its cockroach prey. Journal of Comparative Physiology A 189: 497-508.
- Rosenberg, L. A., Glusman, J. G. Libersat, F. (2007). Octopamine partially restores walking in hypokinetic cockroaches stung by the parasitoid wasp Ampulex compressa. Journal of Experimental Biology 210: 4411-4417.

Case 04　行屍走肉蟻

- Andersen, S. B., Hughes, D. P. (2012). Host specificity of parasite manipulation: Zombie ant death location in Thailand vs. Brazil. Communicative & Integrative Biology 5: 163-165.
- Evans, H. C., Elliot, S. L., Hughes, D. P. (2011). Hidden Diversity Behind the Zombie-Ant Fungus Ophiocordyceps unilateralies: Four New Species Described from Carpenter Ants in Minas Gerais, Brazil. PloS ONE 6: e17024.
- Hughes, D. P., Andersen, S. B., Hywel-Jones, N. L., Himaman, W., Billen, J. Boomsna, J. J. (2011). Behavioral mechanisms and morphological symptoms of zombie ants dying from fungal infection. BMC Ecology 11-13.

| Case 05 | 殭屍毛毛蟲 |

- Adamo, S., Linn, C., Beekage, N. (1997). Correlation between changes in host behaviour and octopamine levels in the tobacco hornworm Manduca sexta parasitized by the gregarious braconid parasitoid wasp Cotesia congregata. Journal of Experimental Biology 200: 117-127.

- Brodeur, J., Vet, L. E. M. (1994). Usurpation of host behaviour by a parasitic wasp. Animal Behaviour 48: 187-192.

- Grosman, A. H., Janssen, A., de Brito, E. F., Cordeiro, E. G., Colares, F., Fonseca, J. O., Lima, E. R., Pallini, A. and Sabelis, M. V. (2008). Parasitoid increases survival of its pupae by inducing hosts to fight predators. PloS ONE 3: e2276.

- 《ゾンビ伝説 ハイチのゾンビの謎に挑む》，ウェイド・デイヴィス／樋口幸子訳 (1998)，第三書館。

| Case 06 | 蟹奴與母體化的螃蟹 |

- Glenner, H., Hebsgaard, M. B. (2006). Phylogeny and evolution of life history strategies of the parasitic barnacles (Crustacea, Cirripedia, Rhizocephala). Molecular Phylogenetics and Evolution 41: 528-538.

- Walker, G. (2001). Introduction to the Rhizocephala (Crustacea: Cirripedia). Journal of Morphology 249: 1-8.

- 高橋徹，〈性をあやつる寄生虫、フクロムシ〉，《フィールドの寄生虫学——水族寄生虫学の最前線》，長澤和也編著 (2004)，東海大学出版会。

Case 07　　相思樹蟻

- Clement, L. W., Köppen, S. C. W., Brand, W. A., Heil, M. (2008). Strategies of a parasite of the ant-Acacia mutualism. Behavioral Ecology and Sociobiology 62: 953-962.
- Heil, M., Rattke, J., Boland, W. (2005). Postsecretory hydrolysis of nectar sucrose and specialization in ant/plant mutualism. Science 308: 560-563.

Case 08　　武士蟻

- Liu, Zhibin, Bagnères, Anne-Geneviève, Yamane, S., Wang, Qingchuan and Kojima, J. (2003). Cuticular hydrocarbons in workers of the slave-making ant Polyergus sanurai and its slave, Formica japonica (Hymenoptera: Formicidae). Entomological Science 6: 125-133.
- Martin, S. J., Takahashi, J., Ono, M. and Drijfhout, F. P. (2008). Is the social parasite Vespa dybowskii using chemical transparency to get her eggs accepted? Journal of Insect Physiology 54: 700-707.
- Tsuneoka, Y. (2008). Host colony usurpation by the queen of the Japanese pirate ant, Polyergus samurai (Hymenoptera: Formicidae). Journal of Ethology 26: 243-247.

Case 09・10　　生了就跑！杜鵑的托卵戰略1・2

- Feeney, W. E., Welbergen, J. A., Langmore, N. E. (2014). Advances in the Study of Coevolution Between Avian Brood Parasites and Their Hosts. Annual Review of Ecology, Evolution, and Systematics 45: 227-246.

- Lotem, A., Nakamura, H., Zahavi, A. (1995). Constraints on egg discrimination and cuckoo-host co-evolution. Animal Behaviour 49: 1185-1209.

- Stevens, M., Troscianko, J., Spottiswoode, C. N. (2013). Repeated targeting of the same hosts by a brood parasite compromises host egg rejection. Nature Communications 4: 2475.

- 中村浩志 (1990)，〈カッコウと宿主の相互進化〉，《遺伝 44》，pp. 47-51。

- 佐藤哲 (2008)，〈ナマズ類の多様な繁殖行動〉，《鯰（ナマズ）イメージとその素顔》，pp. 164-178。

Case 11　一隻瓢蟲的受難

- Dheilly, N. M., Maure, F., Ravallec, M., Galinier, R., Doyon, J., Duval, D., Leger, L., Volkoff, A. N., Missé, D., Nidelet, S., Demolombe, V., Brodeur, J., Gourbal, B., Thomas, F. and Mitta, G. (2015). Who is the puppet master? Replication of parasitic wasp-associated virus correlates with host behaviour manipulation. Proceedings of the Royal Society Biological Sciences 282: 2014-2773.

- Maure, F., Brodeur, J., Ponlet, N., Doyon, J., Firlej, A., Elguero, É. and Thomas, F. (2011). The cost of a bodyguard. Biology Letters 7: 843-846.

- Triltsch, H. (1996). On the parasitization of the ladybird Coccinella septempunctata L. (Col., Coccinellidae) Journal of Applied Entomology 120: 375-378.

Case 12　操控蜘蛛網設計的蜂類

■ 高須賀圭三 (2015)，〈クモヒメバチによる寄主操作―ハチがクモの造網樣式を操る―〉，《生物科学 66》，pp.89-100。

■ Takasuka, K., Yasui, T., Ishigami, T., Nakata, K., Matsumoto, R., Ikeda, K., Maeto, K. (2015).　Host manipulation by an ichneumonid spider ectoparasitoid that takes advantage of preprogrammed web-building behaviour for its cocoon protection. Journal of Experimental Biology 218: 2326-2332.

Case 13　能讓老鼠無懼貓的寄生蟲
Case 14　連人類都能操控的寄生蟲

■ Berdoy, M., Webster, J. P., Macdonald, D. W. (2000).　Fatal attraction in rats infected with Toxoplasma gondii. Proceedings of the Royal Society B: Biological Sciences 267: 1591-1594.

■ Fuks, J. M., Arrighi, R. B., Weidner, J. M., Kumar, Mendu S., Jin, Z., Wallin, R. P., Rethi, B., Birnir, B., Barragan, A. (2012).　GABAergic signaling is linked to a hypermigratory phenotype in dendritic cells infected by Toxoplasma gondii. PloS Pathogens 8: e1003051.

■ Flegr, J., Klose, J., Novotná, M., Berenreitterová, M., Havlíček, J. (2009).　Increased incidence of traffic accidents in Toxoplasma-infected military drivers and protective effect RhD molecule revealed by a large-scale prospective cohort study. BMC Infectious Diseases 9: 72.

- Havliček, J., Gasová, Z. G., Smith, A. P., Zvára, K., Flegr, J. (2001). Decrease of psychomotor performance in subjects with latent 'asymptomatic' toxoplasmosis. Parasitology 122: 515-520.

- Yereli, K., Balcioğlu, I. C., Özbilgin, A.(2006). Is Toxoplasma gondii a potential risk for traffic accidents in Turkey? Forensic Science International 163: 34-27.

- Sugden, K., Moffitt, T. E., Pinto, L., Poulton, R., Williams, B. S., Caspi, A. (2016). Is Toxoplasma gondii infection related to brain and behavior impairments in humans? Evidence from a Population-Representative Birth Cohort. PloS One 11: e0148435.

- Johnson, S. K., Fitza, M. A., Lerner, D. A., Calhoun, D. M., Beldon, M. A., Chan, E. T., Johnson, P. T. J. (2018). Risky business: Linking Toxoplasma gondii infection and entrepreneurship behaviours across individuals and countries. Proceedings of the Royal Society B : Biological Sciences 285: 20180822.

- Coccaro, E. F., Lee, R., Groer, M. W., Can, A., Coussons-Read, M., Postolache, T. T. (2016). Toxoplasma gondii infection: Relationship with aggression in psychiatric subjects. Journal of Clinical Psychiatry 77: 334-341.

Case 15 · 16　占領腦部使其凶暴化的寄生病毒1 · 2

- Hueffer, K., Khatri, S., Rideout, S., Harris, M. B., Papke, R. L., Stokes, C., Schulte, M. K. (2017). Rabies virus modifies host behaviour through a snake-toxin like region of its glycoprotein that inhibits neurotransmitter receptors in the CNS. Scientific Reports 7: 12818.

- Johnson, M., Newson, K. (2006). Hoping again for a miracle. Milwaukee Journal Sentinel.

- Fooks, A. R., Johnson, N., Freuling, C. M., Wakeley, P. R., Banyard, A. C., McElhinney, L. M., Marston, D. A., Dastjerdi, A., Wright, E., Weiss, R. A., Müller, T. (2009). Emerging technologies for the detection of rabies virus: Challenges and hopes in the 21st century. PloS Neglected Tropical Diseases 3: e530.

- Moore, J. (2002). Parasites and the behavior of animals. Oxford University Press, Oxford.

- Poulin, R. (1995). "Adaptive" changes in the behaviour of parasitized animals: A critical review. International Journal for Parasitology 25: 1371-1383.

- Pawan, J. L. (1959). The transmission of paralytic rabies in Trinidad by the vampire bat (Demodus rotundus murinus Wagner). Caribbean Medical Journal 21: 110-136.

- 厚生労働省，狂犬病に関する Q&A について。

作者：松本英惠
譯者：陳朕疆

打動人心的色彩科學

暴怒時冒出來的青筋居然是灰色的！？
在收銀台前要注意！有些顏色會讓人衝動購物
一年有 2 億美元營收的 Google 用的是哪種藍色？
男孩之所以不喜歡粉紅色是受大人的影響？
會沉迷於美肌 app 是因為「記憶色」的關係？
道歉記者會時，要穿什麼顏色的西裝才對呢？

你有沒有遇過以下的經驗：突然被路邊的某間店吸引，接著隨手拿起了一個本來沒有要買的商品？曾沒來由地認為一個初次見面的人很好相處？這些情況可能都是你已經在不知不覺中，被顏色所帶來的效果影響了！本書將介紹許多耐人尋味的例子，帶你了解生活中的各種用色策略，讓你對「顏色的力量」有進一步的認識，進而能活用顏色的特性，不再被繽紛的色彩所迷惑。

作者：潘震澤

科學讀書人──一個生理學家的筆記

「科學與文學、藝術並無不同，
都是人類最精緻的思想及行動表現。」

★ 第四屆吳大猷科普獎佳作
★ 入圍第二十八屆金鼎獎科學類圖書出版獎
★ 好書雋永，經典再版

科學能如何貼近日常生活呢？這正是身為生理學家的作者所在意的。在實驗室中研究人體運作的奧祕之餘，他也透過淺白的文字與詼諧風趣的筆調，將科學界的重大發現譜成一篇篇生動的故事。讓我們一起翻開生理學家的筆記，探索這個豐富又多彩的科學世界吧！

作者：李傑信

穿越 4.7 億公里的拜訪：
追尋跟著水走的火星生命

NASA 退休科學家一李傑信深耕 40 年所淬煉出的火星之書！
想要追尋火星生命，就必須跟著水走！

★ 古今中外，最完整、最淺顯的火星科普書！

火星為最鄰近地球的行星，自古以來，在人類文明中都扮演著舉足輕重的地位。這顆火紅的星球乘載著無數人類的幻想、人類的刀光劍影、人類的夢想、人類的逐夢踏實路程。前 NASA 科學家李傑信博士，針對火星的前世今生、人類的火星探測歷史，將最新、最完整的火星資訊精粹成淺顯易懂的話語，講述這一趟跨越漫長時間、空間的拜訪之旅。您是否也做好準備，一起來趟穿越 4.7 億公里的拜訪了呢？

主編
高文芳、張祥光

蔚為奇談！宇宙人的天文百科

宇宙人召集令！
24 名來自海島的天文學家齊聚一堂，
接力暢談宇宙大小事！
最「澎湃」的天文 buffet

這是一本在臺灣從事天文研究、教育工作的專家們共同創作的天文科普書，就像「一家一菜」的宇宙人派對，每位專家都端出自己的拿手好菜，帶給你一場豐盛的知識饗宴。這本書一共有 40 個篇章，每篇各自獨立，彼此呼應，可以隨興挑選感興趣的篇目，再找到彼此相關的主題接續閱讀。

主編
林守德、高涌泉

智慧新世界 圖靈所沒有預料到的人工智慧

辨識一張圖片居然比訓練出 AlphaGo 還要難？！
AI 不止可以下棋，還能做法律諮詢？！
AI 也能當個稱職的批踢踢鄉民？！

這本書收錄臺大科學教育發展中心「探索基礎科學講座」的演說內容，主題圍繞「人工智慧」，將從機器實習、資料探勘、自然語言處理及電腦視覺重點切入，並重磅推出「AI 嘉年華」，深入淺出人工智慧的基礎理論、方法、技術與應用，且看人工智慧將如何翻轉我們的社會，帶領我們前往智慧新世界。

主編
洪裕宏、高涌泉

心靈黑洞 —— 意識的奧祕

意識是什麼？心靈與意識從何而來？
我們真的有自由意志嗎？
植物人處於怎樣的意識狀態呢？
動物是否也具有情緒意識？

過去總是由哲學家主導辯論的意識研究，到了 21 世紀，已被科學界承認為嚴格的科學，經由哲學進入科學的領域，成為心理學、腦科學、精神醫學等爭相研究的熱門主題。本書收錄臺大科學教育發展中心「探索基礎科學系列講座」的演說內容，主題圍繞「意識研究」，由 8 位來自不同專業領域的學者帶領讀者們認識這門與生活息息相關的當代顯學。這是一場心靈饗宴，也是一段自我了解的旅程，讓我們一同來探索《心靈黑洞——意識的奧祕》吧！

作者
胡立德（David L. Hu）
譯者：羅亞琪
審訂：紀凱容

破解動物忍術

如何水上行走與飛簷走壁？
動物運動與未來的機器人

水黽如何在水上行走？蚊子為什麼不會被雨滴砸死？
哺乳動物的排尿時間都是 21 秒？死魚竟然還能夠游泳？

讓搞笑諾貝爾獎得主胡立德告訴你，這些看似怪異荒誕的研究主題也是嚴謹的科學！

★《富比士》雜誌 2018 年 12 本最好的生物類圖書選書
★「2021 台積電盃青年尬科學」科普書籍閱讀寫作競賽
　指定閱讀書目

從亞特蘭大動物園到新加坡的雨林，隨著科學家們上天下地與動物們打交道，探究動物運動背後的原理，從發現問題、設計實驗，直到謎底解開，喊出「啊哈！」的驚喜時刻。想要探討動物排尿的時間得先練習接住狗尿、想要研究飛蛇的滑翔還要先攀登高塔？！意想不到的探索過程有如推理小說般層層推進、精采刺激。還會進一步介紹科學家受到動物運動啟發設計出的各種仿生機器人。

國家圖書館出版品預行編目資料

這些寄生生物超下流！／成田聰子著;黃詩婷譯;黃璧
祈審訂.——初版一刷.——臺北市:三民，2021
　　面；　公分.——（科學+）

　　ISBN 978-957-14-7277-5　（平裝）
　　1. 共生 2. 寄生

367.343　　　　　　　　　　　　110013568

科學+

這些寄生生物超下流！

作　　者	成田聰子
插　　畫	村林タカノブ
譯　　者	黃詩婷
審　　訂	黃璧祈
責任編輯	洪紹翔
美術編輯	許瀞文

發 行 人	劉振強
出 版 者	三民書局股份有限公司
地　　址	臺北市復興北路 386 號 (復北門市)
	臺北市重慶南路一段 61 號 (重南門市)
電　　話	(02)25006600
網　　址	三民網路書店 https://www.sanmin.com.tw

出版日期	初版一刷 2021 年 10 月
書籍編號	S361010
I S B N	978-957-14-7277-5

EGETSUNAI！KISEISEIBUTSU by Satoko NARITA
Copyright © Satoko NARITA 2020
Illustration © Takanobu MURABAYASHI 2020
Original Japanese edition published in 2020 by SHINCHOSHA
Publishing Co., Ltd.
Traditional Chinese copyright © 2021 by San Min Book Co., Ltd.
Traditional Chinese translation rights arranged with SHINCHOSHA
Publishing Co., Ltd. through LEE' s Literary Agency, Taiwan
ALL RIGHTS RESERVED

三民書局